STM32 [標準庫]
韌體開發實戰

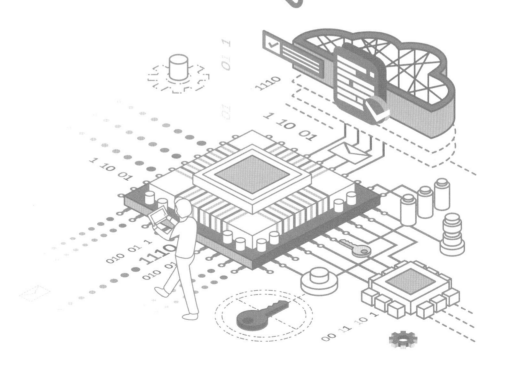

前言

筆者有感於大學生或研究生在學習 STM32 韌體開發上的困擾，而網路上資源零零散散，鮮少有從無到有的完整介紹書籍，市面上看到的相關中國書籍動輒都上千頁，要看完絕非易事。加上在 IT 邦幫忙的鐵人賽第 13 屆 Arm Platforms 組別幸運地獲得優選，因此有了把在鐵人賽所發的韌體教學文章寫成書的想法（文章網址：https://ithelp.ithome.com.tw/users/20141979/ironman/4820），本書雖然沒有一一介紹 STM32 的所有功能，但相信對剛入門的學生、或轉行的工程師是一本非常好的自學書籍。

STM32 有出 STM32CubeMX 這個幫助學習者快速建立環境的軟體，雖然能快速開發簡單的範例，但對於較深的功能或底層目前在做什麼操作，新手碰到時難免會不知所措。此書標準庫開發是從零開始到創建一個完整專案的教學，以作者的經驗學完標準庫再去接觸 STM32CubeMX 的 HAL 庫很好銜接，也能看懂 STM32CubeMX 所產生的程式碼在做什麼事，本書會一步步圖文搭配來介紹該如何從無到有的建起環境，讀者手邊的 STM32 開發版跟筆者的型號不一樣也沒關係，可用相同的方式來自學，相信讀者自己完成書中的簡單範例一定會非常有成就感。

目錄

05 I²C 實例解析

06 小型韌體開發實例

07 總結

學習資源說明

為了確保您使用本書學習時有完好的效果，並能清楚學習和觀看範例的效果，本書有提供所有章節的範例程式和手冊供讀者參考與練習，請讀者至 http://books.gotop.com.tw/download/ACL066800 下載。其內容僅供合法持有本書的讀者使用，未經授權不得抄襲、轉載或任意散佈。

分章節提供的程式碼，在個別的資料夾還有 README 詳細檔案說明。

- **ch02**：兩種 MCU 展示暫存器開發的範例程式，stm32f030cc 和 stm32f103c8。
- **ch03**：stm32f030cc 這顆 MCU 的標準庫範例，附上 3.3 和 3.4 節使用邏輯分析儀驗證的結果。
- **ch04**：提供 4.1、4.2 和 4.3 該章節的範例程式，附上 4.1 和 4.2 節使用邏輯分析儀驗證的結果。
- **ch05**：提供 I2C 所有實例解析，5.1、5.2 和 5.3 都將整合至一個專案裡，讀者需要實驗個別功能，只需在主程式 maic.c 裡取消相對應註解即可，有區段的註解說明該章節需要使用哪段程式。並提供 5.1、5.2 和 5.3 最後邏輯分析查看 I2C 的時序。
- **Datasheet**：這資料夾底下有包含本書所使用 MCU 手冊、IC 手冊。
- **STM32F0 標準庫包**：為 F0 的標準庫函式包。
- **STM32F1 標準庫包**：為 F1 的標準庫函式包。

做一塊自己的開發板

讀者在本章可以學會如何做一塊屬於自己的開發板。開發板的定義：一塊能進行嵌入式系統開發的電路板。通常開發板會將所有腳位引出來讓 MCU 能最大化的使用。搞懂開發板這是進入韌體領域的第一步，做一塊來練習是相當重要的一步。那一塊開發板需要具備哪些東西才能正常運作？以及需要了解些知識？

1.1 STM32 是什麼？

STM 是意法半導體公司的縮寫，如果把 STM32 的晶片看成一個機器人，機器人的心臟為 ARM 公司設計的，STM32 有了心臟後便可以做出完整的機器人，至於心臟要如何跟眼、手、腳做連結，可以把眼、手、腳看成是 STM32 的 GPIO、UART、ADC 等等的外部功能，32 指的是 32 位元的微控制器。STM 在學生的領域是性價比最高的 MCU，接續前一代嵌入式晶片 8051 的功能不足。下圖可以看到目前 STM 的 MCU 產品線，由左至右為 ARM Cortex 系列低到高。

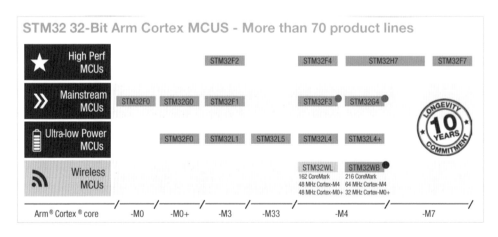

(圖片來自：https://www.st.com/en/microcontrollers-microprocessors/stm32-32-bit-arm-cortex-mcus.html)

這本書會講解 F0 的標準庫函式，先從最入門的 M0 架構的 MCU 開始吧。在第 2 章的暫存器開發會提到其他型號的 MCU，如電子零件行最常見 M3 架構的 stm32f103c8t6，這些和暫存器的位置查找只要讀懂一種，其他 MCU 原理都一樣。我們先來看上面提到的 MCU 型號命名的意義。

首先找一個 MCU 的 Datasheet，網址是 https://www.st.com/en/microcontrollers-microprocessors/stm32f030cc.html

下載好 Datasheet 後，打開 PDF 的目錄點選 8 章節 Ordering information，會看到下圖：

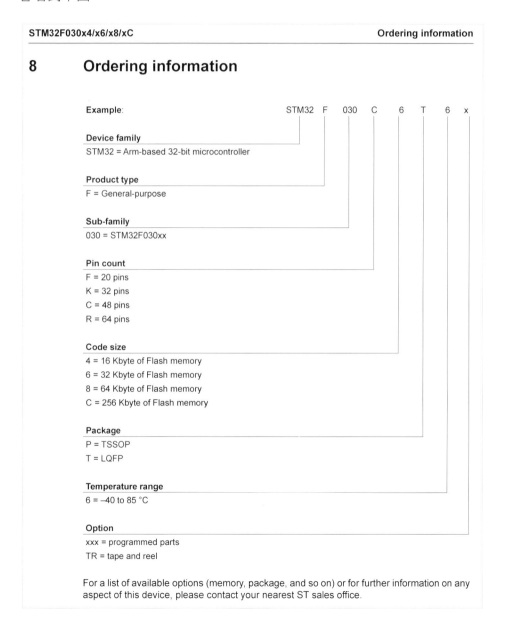

這是訂購訊息，也就是在描述關於這顆 MCU 的型號定義。我選擇的是 stm32f030cct6，由上往下看 STM32 的定義指的是 Arm 架構的 32 位元 MCU，F 指的是通用型，030 為型號，c 指的是 48 隻腳位，再來後面的 c 表示這顆 MCU 能燒錄的 Flash memory 大小為 256Kbyte，T 指的是封裝為 LQFP。

則溫度只有一個選項 -40 to 85℃，最後一個選項是指你要購買時的包裝形式，一般使用者在購買的時候不用去考慮，這裡只有大量購買的時候才需要看，至於其他 MCU 的手冊也都是這樣看，當然 stm 官方也有整理好它們的 MCU 選型手冊，如下圖。

（圖片來源：https://www.stmcu.org.cn/document/download/index/id-216538）

1.2　STM32 開發板製作

此處以 stm32f030cct6 的 48 pin LQFP 封裝的 MCU 來說明，在電子零件較常看到 stm32f103c8t6 這個型號的開發板原理圖也類似。首先，做一塊屬於自己的開發板要先來規劃自己需要哪些零件？最少要哪些東西才可以正常燒錄呢？可大致分為以下五個注意重點：

1. 電源

2. 重置電路

3. 震盪電路

4. **BOOT** 啟動模式

5. 燒入腳位

有了上述這些，基本上就能正常燒錄了，下面會針對上面這 5 點做細部介紹，也會講解我的開發板原理圖，針對 stm32f030cct6 這顆 MCU 跟 stm32f103c8t6 的開法板類似。在學嵌入式單晶片有兩樣東西一定要看懂，看不懂的就去 google 翻譯或是搜尋那些單字，在這提供官方手冊的網址：https://www.st.com/zh/microcontrollers-microprocessors/stm32f030cc.html#。

1. Datasheet（資料手冊）－手冊號碼：DS9773

2. Reference manual（參考手冊）－手冊號碼：RM0360

接下來會擷取手冊上的一些較重要的部分來說明，初學者建議先下載這兩個手冊，以下的解說要自己找過在哪才能加強印象，對於其他 MCU 也是一樣的道理，這個過程對新手來講很重要，不建議略過。

電源

STM32 系列的 MCU 普遍工作電壓都是 3.3V 的工作電壓，每顆的 MCU 能工作電壓都不太相同，stm32f030cc 的工作電壓在 Datasheet 的 Electrical characteristics 這個章節有描述，如下圖：

6.3 Operating conditions

6.3.1 General operating conditions

Table 21. General operating conditions

Symbol	Parameter	Conditions	Min	Max	Unit
f_{HCLK}	Internal AHB clock frequency	-	0	48	MHz
f_{PCLK}	Internal APB clock frequency	-	0	48	
V_{DD}	Standard operating voltage	-	2.4	3.6	V

6.3 節的運行條件，可以看到 V_{DD} 的操作電壓可以 2.4 到 3.6 V 普遍都用 3.3 V，像 STM32L 系列的低功耗 MCU 工作條件可以到 1.8~3.6 V，但有些 I/O 口可以耐壓到 5V，有些只能耐壓到 3.3V 這在 Datasheet 裡面有表示，下圖是 stm32f030 的 Datasheet 裡 Pinouts and pin descriptions（引腳分配予說明）的截圖（Datasheet 裡的目錄：Pinouts and pin descriptions 裡的 Legend/abbreviations used in the pinout table）

Table 10. Legend/abbreviations used in the pinout table

Name		Abbreviation	Definition
Pin name			Unless otherwise specified in brackets below the pin name, the pin function during and after reset is the same as the actual pin name
Pin type		S	Supply pin
		I	Input only pin
		I/O	Input / output pin
I/O structure		FT	5 V tolerant I/O
		FTf	5 V tolerant I/O, FM+ capable
		TTa	3.3 V tolerant I/O directly connected to ADC
		TC	Standard 3.3 V I/O
		B	Dedicated BOOT0 pin
		RST	Bidirectional reset pin with embedded weak pull-up resistor
Notes			Unless otherwise specified by a note, all I/Os are set as floating inputs during and after reset.
Pin functions	Alternate functions		Functions selected through GPIOx_AFR registers
	Additional functions		Functions directly selected/enabled through peripheral registers

可以看到上面有表示縮寫的意思，例如 FT 代表可以耐壓 5V，TC 只能耐壓到 3.3V 在 Datasheet 往下滑一頁就是引腳定義說明了。

Table 11. STM32F030x4/6/8/C pin definitions (continued)

Pin number				Pin name (function after reset)	Pin type	I/O structure	Notes	Pin functions	
LQFP64	LQFP48	LQFP32	TSSOP20					Alternate functions	Additional functions
8	-	-	-	PC0	I/O	TTa	-	EVENTOUT, USART6_TX[5]	ADC_IN10
9	-	-	-	PC1	I/O	TTa	-	EVENTOUT, USART6_RX[5]	ADC_IN11
10	-	-	-	PC2	I/O	TTa	-	SPI2_MISO[5], EVENTOUT	ADC_IN12
11	-	-	-	PC3	I/O	TTa	-	SPI2_MOSI[5], EVENTOUT	ADC_IN13
12	8	-	-	VSSA	S	-	-	Analog ground	
13	9	5	5	VDDA	S	-	-	Analog power supply	
14	10	6	6	PA0	I/O	TTa	-	USART1_CTS[2], USART2_CTS[3][5], USART4_TX[5]	ADC_IN0, RTC_TAMP2, WKUP1
15	11	7	7	PA1	I/O	TTa	-	USART1_RTS[2], USART2_RTS[3][5], EVENTOUT, USART4_RX[5]	ADC_IN1
16	12	8	8	PA2	I/O	TTa	-	USART1_TX[2], USART2_TX[3][5], TIM15_CH1[3][5]	ADC_IN2, WKUP4[5]
17	13	9	9	PA3	I/O	TTa	-	USART1_RX[2], USART2_RX[3][5], TIM15_CH2[3][5]	ADC_IN3
18[4]	-	-	-	PF4	I/O	FT	[4]	EVENTOUT	-
18[5]	-	-	-	VSS	S	-	[5]	Ground	
19[4]	-	-	-	PF5	I/O	FT	[4]	EVENTOUT	-
19[5]	-	-	-	VDD	-	-	[5]	Complementary power supply	

看到直行的部分，目前使用的 stm32f030cc 是 48pin 的 MCU，所以引腳定義只需要看這欄對應往右的資訊（列），可以看到右半部有很多腳位的縮寫還有描述腳位擁有的功能，例如 LQFP48 的第 11 腳，腳位名稱為 PA1、I/O 的類型為 GPIO（通用的輸入輸出口）、引腳型態為 TTa。這裡拉回上一張圖，可以看到 TTa 的定義為 3.3 V 上限電壓 I/O 直接連接到

ADC，在後面就是那隻腳位可以開啟的功能有 USART1、2、4 的其中腳位，也可復用成 ADC 功能。

接者要來查詢 MCU 的電源和接地腳在哪，可以利用上圖來做查詢，但有更快的方法。一樣在 Datasheet 的第 4 章 Pinouts and pin descriptions 裡可以找到這一張圖，可以看出所有腳位的名稱。

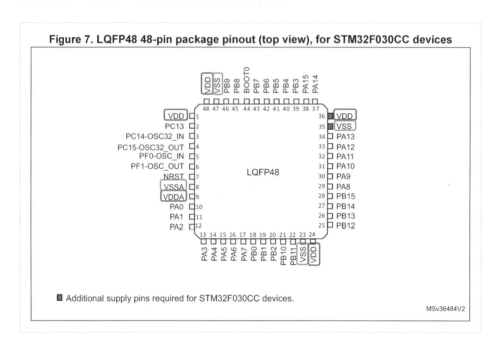

Figure 7. LQFP48 48-pin package pinout (top view), for STM32F030CC devices

■ Additional supply pins required for STM32F030CC devices.

MSv36484V2

上圖已將所有的電源腳位和接地腳位框起來，VDDA 和 VSSA 這兩個代表是類比電壓跟類比接地，用途是供給內部 ADC 的參考電壓。筆者建議在 3.3V 電源供應進去前加上 LC 濾波電路後再接入 VDDA，以防雜訊干擾導致 ADC 測量失準，而電子零件行常看到的 stm32f103c8t6 開發板也是掛一個磁珠（電感），這主要是讓輸入的電流固定不隨意抖動，下圖原理圖 R4 電阻需當作電感，接者看筆者所做的開發版供電原理圖：

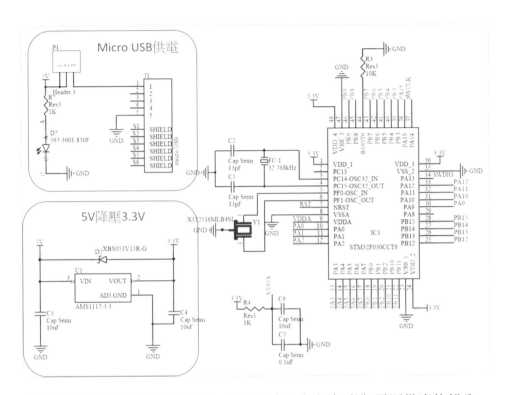

上圖為筆者所自己設計開發版，左半邊有兩個框起處為電源供應的部分，使用常見的 Mircro USB 做為供電 5V 輸入，5V 輸入後在經過 AMS1117-3.3 這顆穩壓器降至 3.3V，再供給 MCU。

重置電路

在 STM32F030CC 的 Datasheet 裡，6.3.15 有提到 MCU 的 NRST 的腳位內部為上拉 Vcc，可知重啟 MCU 需要將 NRST 拉 GND 後再回 VCC 就可重啟，利用個按紐來完成此動作，原理圖如右：

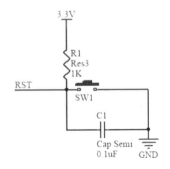

會有個按鈕並聯電容是為了要消除按鍵機械上的彈跳。簡單來說是做個小延時來度過前面的不穩定狀態，不加入電容的話按下去瞬間會多次 high、low，想深入了解的話可以去查看基本電學裡的 RC 充放電，電阻 R 就像水管，C 就像水桶，電流就像水，水桶越大就需要更多時間去放滿水，所以電容越大延時就越長，電阻越大則代表水管能通過的水量會減少就會加長裝滿水的時間。

震盪電路

MCU 可以接兩個外部時鐘可以掛載，一個低速時鐘另一個則是高速時鐘，都不使用也可以就是用 MCU 內部的震盪器，MCU 要有震盪才能工作，內部是由電組和電容組成的震盪器，電阻電容會隨著溫度變化而產生變化，假設確定使用的環境溫度變化不大，可以考慮使用內部的震盪器，此優點可以減少外部的使用空間。因震盪腳位也可以當一般 GPIO 使用，相反地在溫度變化大的環境還是接外部震盪器會比較準確，各個製作 MCU 廠商大多都有出校準內部震盪器的應用手冊，所以溫度變化不大、要求不嚴格的話，不妨使用內部震盪器吧！省錢乂省空間。

◆ 低速時鐘：最常見的功能是作為實時時鐘（RTC）來算精準的計時 1 秒鐘，最準的頻率是 32.768 KHz。

◆ 高速時鐘：給總線上控制所有功能通道用的，例如時鐘預設是接 8 MHz。

這兩個外部接石因震盪都有設一定範圍，不是想接多少就可以隨便接，這部分相關資料在 Datasheet 裡的時鐘樹有提到，在目錄的 Functional overview（功能概覽）裡的 Clocks and startup（時鐘樹）裡會看到下圖：

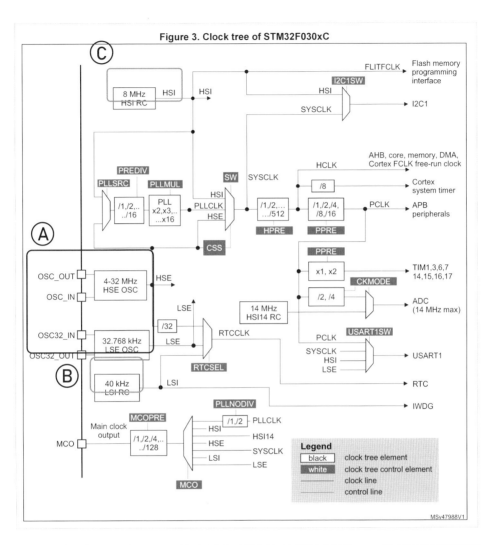

Figure 3. Clock tree of STM32F030xC

上圖 A 部分，是這 MCU 的高速和低速的外部時鐘接口，外接高速能配置到 4 到 32 MHz 這範圍外都會造成 MCU 工作不正常或不能燒入，但預設都是 8M，假如接 16M 就需要在程式上除頻來修改到符合低於或包含最高頻率。

再看 B 部分，內部也有低速（B）跟高速（C）時鐘，所以不接外部震盪器也可以使用，但內部的低速是 40 KHz，假如要精準地跑 1 秒的延時，32.768k 是最精準的，可以看到內部時鐘樹裡低速震盪電路主要是用在 2 個進階功能—①watchdog (看門狗)、②Real-time clock (實時時鐘)。看門口主要功能是檢測程式運行時有沒有異常的執行時間，有的話可以讓 MCU 重啟；實時時鐘則是計數秒分時的時間。

BOOT 啓動模式

BOOT 腳位在對應的 Datasheet 裡的引腳定義表格中，可以查詢到截圖如下：

Table 11. STM32F030x4/6/8/C pin definitions (continued)

Pin number				Pin name (function after reset)	Pin type	I/O structure	Notes	Pin functions	
LQFP64	LQFP48	LQFP32	TSSOP20					Alternate functions	Additional functions
58	42	29	-	PB6	I/O	FTf	-	I2C1_SCL, USART1_TX, TIM16_CH1N	-
59	43	30	-	PB7	I/O	FTf	-	I2C1_SDA, USART1_RX, TIM17_CH1N, USART4_CTS(5)	-
60	44	31	1	BOOT0	I	B	-	Boot memory selection	
61	45	-	-	PB8	I/O	FTf	(6)	I2C1_SCL, TIM16_CH1	-
62	46	-	-	PB9	I/O	FTf	-	I2C1_SDA, IR_OUT, SPI2_NSS(5), TIM17_CH1, EVENTOUT	-
63	47	32	15	VSS	S	-	-	Ground	
64	48	1	16	VDD	S	-	-	Digital power supply	

看到上圖的 D 處為筆者對應的 MCU 腳位數目，以這個沿著看到第 44 腳 E 處為 BOOT 腳，這是指燒錄好程式後，重新啟動晶片時 SYSCLK 的第 4 個上升沿，BOOT 引腳的值將被鎖存。使用者可以透過設定 BOOT1 和 BOOT0 引腳的狀態來選擇在復位後的啟動模式，此處以 stm32f030cc 為例只有 BOOT0，至於要設為何種啟動模式，打開 Reference manual（參考手冊），目錄的第二章 System and memory overview（系統和記憶體概述）裡的第 5 節 Boot configuration（開機配置），可以看到以下說明開機模式的圖表：

2.5　　Boot configuration

In the STM32F0x0, three different boot modes can be selected through the BOOT0 pin and boot configuration bits nBOOT1 in the User option byte, as shown in the following table.

Table 3. Boot modes

Boot mode configuration		Mode
nBOOT1 bit	BOOT0 pin	
x	0	**Main Flash memory** is selected as boot area[1]
1	1	**System memory** is selected as boot area
0	1	**Embedded SRAM** is selected as boot area

1. For STM32F070x6 and STM32F030xC devices, see also Empty check description.

The boot mode configuration is latched on the 4th rising edge of SYSCLK after a reset. It is up to the user to set boot mode configuration related to the required boot mode.

The boot mode configuration is also re-sampled when exiting from Standby mode. Consequently they must be kept in the required Boot mode configuration in Standby mode. After this startup delay has elapsed, the CPU fetches the top-of-stack value from address 0x0000 0000, then starts code execution from the boot memory at 0x0000 0004.

Depending on the selected boot mode, main Flash memory, system memory or SRAM is accessible as follows:

其實這些手冊裡都有非常詳細的英文說明，有些型號官方有翻譯成簡體，例如 stm32f4 系列的 MCU 會有翻譯版本，但中譯版存在些許的錯誤，因此還是建議讀者以英文版本為主。因 stm32f030cc 這顆 MCU 只有 BOOT0 的腳位，比較常使用的是 Main Flash memory，我們將撰寫好的程式燒入置 MCU 內部的 Flash 記憶體，重啟也是從這裡讀取程式，斷電也不會丟失程式碼。原理圖如下：

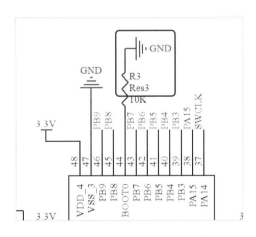

燒入腳位

主要燒錄腳兩隻 SWCLK(Pin37)跟 SWDIO(Pin34)，有這兩隻還有燒錄器的 GND 要跟 MCU 共地就可燒錄了，原理圖如下：

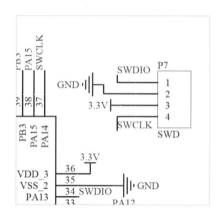

看到上圖把燒錄腳（SWDIO、SWCLK）、GND、3.3V 引出來用，就可以用燒入器來做燒入了。燒錄器一般電子零件行大多有賣，電子零件行找 ST-Link V2 燒錄器，價位大約是一百多元。

上圖這個燒錄算是仿製品，以穩定度來說絕對不如 STM32 原廠所製作燒錄器，如果讀者條件允許的話，還是建議購買原廠的燒錄器，有二代的 ST link V2、三代的 ST link V3，價格約為 600、1,100 元左右。

有了這些基本上就能動作了，最後附上筆者完整的原理圖、PCB 圖、實體圖。

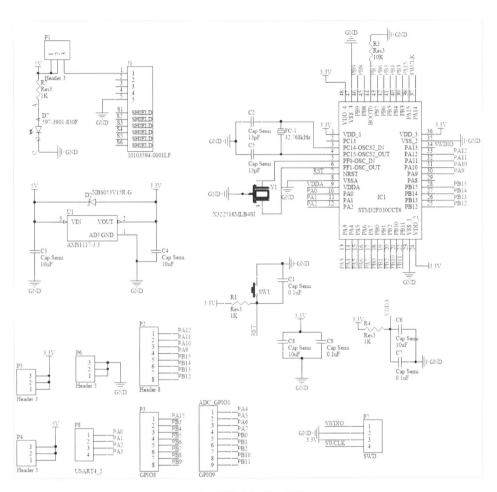

完整開發版原理圖

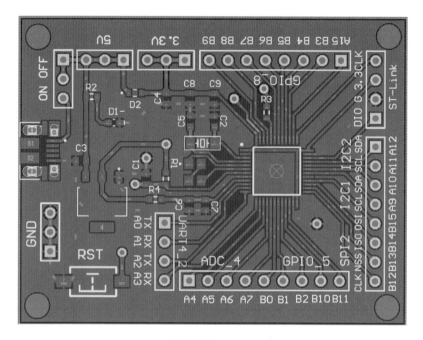

PCB Layout

實體圖

介紹完一個開發板最少需要哪些東西才能運作，再來要開始製作板子前需要腳位規劃，具體需要用到哪些腳位、每個功能預留的組數要多少，規劃前要先看 Datasheet 第二章節關於這系列 MCU 的規格表：

Table 2. STM32F030x4/x6/x8/xC family device features and peripheral counts

Peripheral		STM32 F030F4	STM32 F030K6	STM32 F030C6	STM32 F030C8	STM32 F030CC	STM32 F030R8	STM32 F030RC
Flash (Kbytes)		16	32	32	64	256	64	256
SRAM (Kbytes)		4			8	32	8	32
Timers	Advanced control	1 (16-bit)						
	General purpose	4 (16-bit)[1]			5 (16-bit)			
	Basic	-			1 (16-bit)[2]	2 (16-bit)	1 (16-bit)[2]	2 (16-bit)
Comm. interfaces	SPI	1[3]			2			
	I²C	1[4]			2			
	USART	1[5]			2[6]	6	2[6]	6
12-bit ADC (number of channels)		1 (9 ext. +2 int.)	1 (10 ext. +2 int.)	1 (10 ext. +2 int.)	1 (10 ext. +2 int.)	1 (10 ext. +2 int.)	1 (16 ext. +2 int.)	1 (16 ext. +2 int.)
GPIOs		15	26	39	39	37	55	51
Max. CPU frequency		48 MHz						
Operating voltage		2.4 to 3.6 V						
Operating temperature		Ambient operating temperature: -40°C to 85°C Junction temperature: -40°C to 105°C						
Packages		TSSOP20	LQFP32	LQFP48			LQFP64	

1. TIM15 is not present.
2. TIM7 is not present.
3. SPI2 is not present.
4. I2C2 is not present.
5. USART2 to USART6 are not present.
6. USART3 to USART6 are not present

上圖可以清楚的看到 STM32F030 系列所有的型號規格，筆者使用的是 STM32F030CC 的規格是有 256 Kbytes 的 Flash 記憶體的大小、SRAM 有 32 Kbytes、計時器的規格、I²C 和 SPI 有兩組、USART 有 6 組、12-bit ADC 的通道數目、可使用的 GPIO 數目，這系列的 MCU 最大工作頻率都是 48 MHz。這個表格是工程師在選擇要使用 MCU 會先看的表格，能快速看出哪個 MCU 型號符合最低需求。

選擇自己理想 MCU 型號後，接著可以開始為該 MCU 的所有腳位和功能進行安排。這邊介紹作者初學時自己想的辦法供讀者參考。首先，開啟 Excel，把 Datasheet 第四章節的腳位地圖全部記錄起來，因為 1 個腳為可能同時有多個功能 ADC、UART、I2C 等等可以復用，紀錄如下：

	A	B	C	D	E	F	G	H	I
1	1	VDD	9	VDDA	7	NRST			
2	24	VDD	8	VSSA					
3	36	VDD			34	SWDIO			
4	48	VDD	44	BOOT1	37	SWCLK			
5									
6	23	VSS							
7	35	VSS							
8	47	VSS	5	OSC IN	3	OSC32 IN			
9			6	OSC OUT	4	OSC32 OUT			
10									
11	USART (6組)		I2C (2組)		SPI (2組)			ADC	
12	10	USART4 TX	30	I2C1 SCL	14	SPI1 NSS	38	10	PA0
13	11	USART4 RX	42	I2C1 SCL	15	SPI1 SCK	39	11	PA1
14			45	I2C1 SCL	16	SPI1 MISO	40	12	PA2
15	12	USART2 TX			17	SPI1 MOSI	41	13	PA3
16	13	USART2 RX	31	I2C1 SDA				14	PA4
17			43	I2C1 SDA				15	PA5
18	14	USART6 TX	46	I2C1 SDA				16	PA6
19	15	USART6 RX						17	PA7
20									
21	21	USART3 TX	21	I2C2 SCL	21	SPI2 NSS	26	18	PB0
22	22	USART3 RX	26	I2C2 SCL	25	SPI2 SCK	46	19	PB1
23			32	I2C2 SCL	27	SPI2 MISO			
24	30	USART1 TX			28	SPI2 MOSI			
25	31	USART1 RX	22	I2C2 SDA					
26			27	I2C2 SDA					
27	39	USART5 TX	33	I2C2 SDA					
28	40	USART5 RX							

上圖的數字代表 MCU 的對應腳位，SPI 框起處的 SP1_SCK 在 MCU 的 15 腳、39 腳都可復用此功能。筆者認為這個動作十分重要，規劃後才可以將各個功能在 PCB 表示，以便日後能快速找到所需要使用的腳位，往前看到原理圖跟 PCB 圖的部分是根據這表格所上的腳位名稱，這樣做可以讓使用這塊板時不用煩惱哪隻腳具有什麼功能，每次使用都要查表是很累人的事。

電路板送件的流程分享

有很多種方式可以做出 PCB 版，在學校工科的系通常有洗板子的設備—曝光＞顯影＞蝕刻，沒有這些設備就只能請外面的廠商幫忙送洗，在此分享一個比較便宜的送洗方式，台灣和中國筆者都有送洗的經驗，台灣送洗會比較貴一點，這個流程有興趣的讀者可以嘗試看看。

做完規劃後＞原理圖繪製＞PCB Layout＞到現在的送洗流程，有以下五點要請讀者先處理好：

1. 註冊好淘寶帳號，並完成電話認證。

2. 手機下載 "EZway"，必須確保這裡的電話跟淘寶是一樣的，這悠關到你海關貨物實名認證的問題。

3. 手機也下載好淘寶 APP，假如你無法用信用卡而必須使用 **7-11** 的 **ibon** 來付款的話，一定要用手機版的淘寶 **APP** 來產生付款條碼，**PC** 版本無法產生付款條碼。

4. 電腦下載 "阿里旺旺"，這個是為了要和中國賣家溝通的軟體，不下載也可以就用手機的淘寶 **APP** 做溝通，但個人覺得這樣挺麻煩的，筆者的習慣是先用 **PC** 版下好單、跟賣家溝通好後，用手機版淘寶 **APP** 來產生 **7-11** 繳費代碼

5. 在淘寶設定你的送貨地址。

上述五點完成後，先找一家淘寶送洗的 PCB 廠家，每間做工的最小刻度都不太一樣，這些都要先詢問清楚或到公司的官網查看，在淘寶搜頁面搜尋「PCB 打樣」後，選擇一間想詢問的廠商，點選右下角藍色的頭就可以聯絡客服：

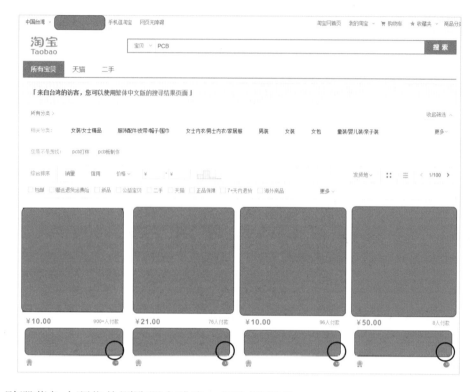

點選藍色小頭像後瀏覽器會跳出一個詢問視窗：

點選開啟 AlilM PROTOCOL 阿里旺旺，登入淘寶帳號後便會出現該賣家的客服，告訴客服你需要打樣 PCB，這時賣家就會叫你傳文件給他們，假設無法用阿里旺旺傳檔案給客服，可以詢問客服是否方便提供電子信箱，把 PCB 文件以附件方式寄給對方。對方收到後會和你確認檔案（包含圖檔的總長寬），並會檢查你製作的電路板是否符合他們的製程，如不符合會再請你修改，都確認沒問題後，他們會再向你確認工藝的部分，他們能做

到的工藝通常在自己的網頁都有寫清楚，請讀者仔細瀏覽。假如對規格沒有特殊要求，告訴對方「常規工藝」即可，他們會告訴你常規工藝的細節（如下圖範例）：

親，我们常规工艺：FR-4 板厚1.6，绿油白字，无铅喷锡，铜厚1OZ, 过孔盖油(如果是提供Gerber文件，过孔处理就依Gerber文件制作)

確認都沒問題後請對方提供下單連結，下單後接著要選擇運送方式，主要有兩種：

1. 貨物到集運倉再繳一次運費送來台灣。多個賣家的商品全都送到某某集運倉後，統一付一次運費送來台灣，運費較省，不過要注意貨物如果放在集運倉太久的話，會被多收錢。

2. 告訴賣家說順豐直發台灣。此方法通常會比較快，兩者價錢差不多，不了解的話可以再問賣家。

接下來看你要用什麼方式付款，有以下兩種：

1. 至便利商店點選 ibon 輸入付款條碼，前面有提到要下載手機淘寶 APP，這時候一定要用手機產生付款條號碼。

2. 信用卡付款。

付款完後請告知賣家，假如你是新客戶，淘寶賣家會要求你提供身分證字號，現在海關有要求要實名認證，因此一定要提供身分證字號不然貨物進不來。大致這樣就可以等收貨了，可以在淘寶 APP 查看貨物狀態，假設貨都沒來也可以直接壓退款，退款會退到玉山銀行，相關細節可以撥電話至玉山銀行客服詢問，淘寶的交易都是由玉山銀行管理的。

PCB 的零件也可以在淘寶上購買，但要自己承擔買到不良品的風險，建議不要在淘寶買跟 Mouser 價差 4 倍以上的 IC，買到拆機品或故障品的機率較高；如果不放心或沒有太大經濟壓力的話，還是建議買 Mouser 的電子零件和 IC。

總結：做一塊自己的開發第一步是先規劃要選擇哪顆 MCU、選擇好後列出預計使用的功能腳位。我的做法是打開個 Excel 來記錄 UART、I²C、SPI、ADC 這些復用功能腳位在哪些腳位，都列出來後再來根據 Layout 的方向決定要哪幾個功能腳位，這些都是必須要去思考的，完成後就開始畫原理圖，PCB Layout 都完成後再檢查一遍就可以送洗了。上面的教學步驟是反過來的，筆者認為這樣會比較好讓沒經驗的初學者更好理解。

暫存器開發

2.1 暫存器映射

首先打開 stm32f030cc 的 Datasheet 目錄裡的第五章記憶體映射：

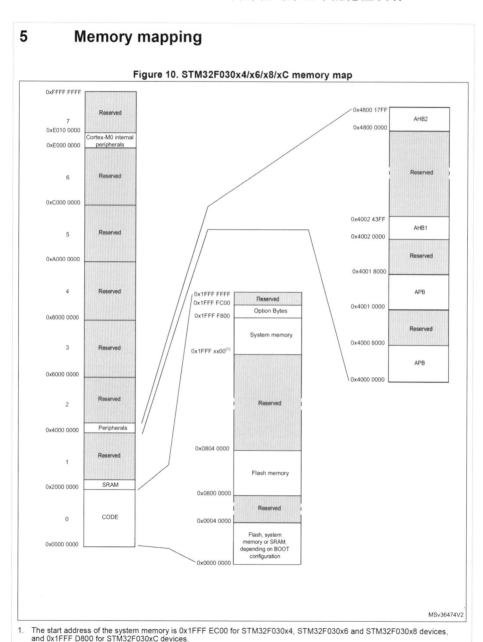

上圖為這顆 MCU 記憶體的分佈地圖，這張圖指出每個區塊的功能。這是 32 位元的 MCU，所以理論上可使用地址是 0x0000 0000 到 0xFFFF FFFF，但不可能全部都有使用到，有些是預留空位置。在此簡單說明一下這些 0xFFFF FFFF 是什麼，這牽涉到基本數位邏輯。

首先，打開 Windows 內建的小算盤，點開左上角的目錄選擇程式設計人員的選單，會看到下圖：

HEX 為 16 進制、DEC 為 10 進制（我們一般計算用的表示法 0~9）、OCT 為 8 進制、最後一個 BIN 為 2 進制，32 位元指的是 0 開始到最後一位共有 32 的位的 1，也等於 16 進制的 0xFFFF FFFF 在 HEX 那個欄位輸入 8 個 F 就可以看到 BIN 2 進制那一格出現 32 個 1，再回去看看上一張圖的記憶體地圖起始位置為 0x0000 0000，終點位置為 0xFFFF FFFF，到這就知道 32 位元的 MCU 是指什麼意思了吧。

記憶體地址命名的過程就稱為**暫存器映射**，暫存器映射的目的在於編寫程式時可以用定義好的暫存器名進行操作。

2.2 STM32 的 GPIO 介紹

GPIO 全名為 General Purpose Input Output，中文意思是通用輸入輸出口，一般簡稱為 IO 口，是指這個 IO 口能輸入或輸出，輸入有 4 種模式，輸出也有 4 種模式，共以下這 8 種：

1. 開漏輸出（**Output open-drain**）
2. 推拉輸出（**Output push-pull**）
3. 複用開漏輸出（**Alternate function open-drain**）
4. 複用推輓輸出（**Alternate function push-pull**）
5. 類比輸入（**Input Analog**）
6. 浮空輸入（**Input floating**）
7. 下拉輸入（**Input pull-down**）
8. 上拉輸入（**Input pull-up**）

比較常使用到的就是「推輓輸出」、「開漏輸出」和「類比輸入」，這是
剛碰 STM32 初學者要學的基本知識，從這最基本的功能開始下手，這部
分在 Reference manual 裡面的第 8 個章節。

RM0360   General-purpose I/Os (GPIO)

8　General-purpose I/Os (GPIO)

8.1　Introduction

Each general-purpose I/O port has four 32-bit configuration registers (GPIOx_MODER, GPIOx_OTYPER, GPIOx_OSPEEDR and GPIOx_PUPDR), two 32-bit data registers (GPIOx_IDR and GPIOx_ODR) and a 32-bit set/reset register (GPIOx_BSRR). Ports A and B also have a 32-bit locking register (GPIOx_LCKR) and two 32-bit alternate function selection registers (GPIOx_AFRH and GPIOx_AFRL).

On STM32F030xB and STM32F030xC devices, also ports C and D have two 32-bit alternate function selection registers (GPIOx_AFRH and GPIOx_AFRL).

8.2　GPIO main features

- Output states: push-pull or open drain + pull-up/down
- Output data from output data register (GPIOx_ODR) or peripheral (alternate function output)
- Speed selection for each I/O
- Input states: floating, pull-up/down, analog
- Input data to input data register (GPIOx_IDR) or peripheral (alternate function input)
- Bit set and reset register (GPIOx_ BSRR) for bitwise write access to GPIOx_ODR
- Locking mechanism (GPIOx_LCKR) provided to freeze the port A or B I/O port configuration.
- Analog function
- Alternate function selection registers(at most 16 AFs possible per I/O)
- Fast toggle capable of changing every two clock cycles
- Highly flexible pin multiplexing allows the use of I/O pins as GPIOs or as one of several peripheral functions

8.3　GPIO functional description

Subject to the specific hardware characteristics of each I/O port listed in the datasheet, each port bit of the general-purpose I/O (GPIO) ports can be individually configured by software in several modes:

- Input floating
- Input pull-up
- Input-pull-down
- Analog
- Output open-drain with pull-up or pull-down capability
- Output push-pull with pull-up or pull-down capability
- Alternate function push-pull with pull-up or pull-down capability
- Alternate function open-drain with pull-up or pull-down capability

Each I/O port bit is freely programmable, however the I/O port registers have to be accessed as 32-bit words, half-words or bytes. The purpose of the GPIOx_BSRR and

DocID025023 Rev 4   127/779

這裡有介紹到要控制 IO 口具體需要控制哪些暫存器，例如主要的映射的
GPIOx_BSRR 和 GPIOx_MODER，在 2.4 節操作這暫存器時會再看到更詳

細的部分。看到框起處表示 GPIO 口有 8 種模式，接著會簡單介紹這些 IO 的主要作用和介紹，建議先打開數據手冊和參考手冊搭配著看，可以加速理解。

開漏輸出（Output open-drain）

Open，輸出是開路的，所以使用的話就要加上拉電阻，主要的結構是 NMOS 或 NPN 的 BJT。STM 的內部是用 N-MOSFET，Drain 為輸出，這輸出模式主要用來做電位的轉換，IO 口的電位是由外部的上拉電阻 VCC 來做決定的（5Vor3.3V），關於這模式的說明在數據手冊的 8.3.10 General-purpose I/Os (GPIO)：

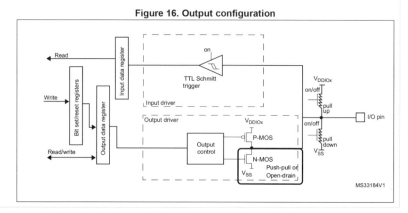

RM0360 General-purpose I/Os (GPIO)

8.3.10   Output configuration

When the I/O port is programmed as output:

- The output buffer is enabled:
    - Open drain mode: A "0" in the Output register activates the N-MOS whereas a "1" in the Output register leaves the port in Hi-Z (the P-MOS is never activated)
    - Push-pull mode: A "0" in the Output register activates the N-MOS whereas a "1" in the Output register activates the P-MOS
- The Schmitt trigger input is activated
- The pull-up and pull-down resistors are activated depending on the value in the GPIOx_PUPDR register
- The data present on the I/O pin are sampled into the input data register every AHB clock cycle
- A read access to the input data register gets the I/O state
- A read access to the output data register gets the last written value

Figure 16 shows the output configuration of the I/O port bit.

Figure 16. Output configuration

數據手冊 8.3.10 節在簡介輸出配置的前幾行文字敘述有說明到，Open drain（開漏）模式在輸出資料暫存器是觸發 N-MOS，而 P-MOS 不會被觸發所以需要外部接上拉電阻或者內部開啟上拉電阻功能，而這開漏模式的用途主要有兩種：

1. 利用外部電路的驅動能力，減少 IC 內部的驅動，要達到高電壓需要接上拉電阻。

2. 最常見的用法是來改變電壓準位的 IC，利用上拉電阻來改變。

STM32 的工作電壓普遍都是用 3.3V，假設今天有個感測 IC 工作電壓是在 5V，那它的資料線基本上也要用相同準位的電位來傳輸資料，這時就可利用外部上拉 5V 的電阻，STM32 系列的 IO 口普遍都可以耐壓到 5V，這部分筆者在前面有提到如何查看每個 IO 口的耐壓有沒有達到 5V，這需要特別注意。

推拉輸出（Output push-pull）

數據手冊 8.3.10 節在簡介輸出配置的前幾行文字敘述有說明到，push-pull（推拉）模式在輸出高電位時是觸發 PMOS，低電位則是 NMOS，如下圖框起處和電路部分：

8.3.10   Output configuration

When the I/O port is programmed as output:

- The output buffer is enabled:
    - Open drain mode: A "0" in the Output register activates the N-MOS whereas a "1" in the Output register leaves the port in Hi-Z (the P-MOS is never activated)
    - Push-pull mode: A "0" in the Output register activates the N-MOS whereas a "1" in the Output register activates the P-MOS
- The Schmitt trigger input is activated
- The pull-up and pull-down resistors are activated depending on the value in the GPIOx_PUPDR register
- The data present on the I/O pin are sampled into the input data register every AHB clock cycle
- A read access to the input data register gets the I/O state
- A read access to the output data register gets the last written value

Figure 16 shows the output configuration of the I/O port bit.

Figure 16. Output configuration

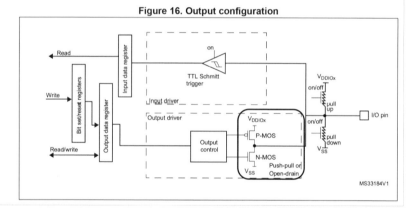

MCU 內的推拉輸出的結構是利用 CMOS（互補式金屬氧化物半導體），輸出上端為 PMOS，下端為 NMOS，簡單介紹這電路動作原理，這電路可以看作用 MOSFET 組成的反向放大器：

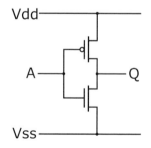

A 為輸入端 Q 為輸出端，輸出端上方接 Vdd 的為 PMOS，下方接 Vss 的為 NMOS。這種組合為 CMOS 的架構，當 A 輸入 Vdd 時 PMOS 截止（關閉），下方的 NMOS 會導通接地此時 Q 為接地輸出就為 Vss，同理可知 A 為 Vss 時 PMOS 導通 NMOS 為截止，故 Q 為 Vdd。以上可以用數位訊號的角度來看 Vdd 為 1、Vss 為 0，Vdd 端為推電流 Vss 為拉電流，這就是推拉模式名稱的由來。

複用開漏和推拉輸出模式

在 STM 有些 IO 口有對應的功能來開啟，例如 UART、I²C、SPI 等等，根據你要開啟的硬體上的功能來複用，關於哪些 IO 口能複用哪些功能，在引腳定義的後面：

Table 12. Alternate functions selected through GPIOA_AFR registers for port A

Pin name	AF0	AF1	AF2	AF3	AF4	AF5	AF6
PA0	-	USART1_CTS[2] / USART2_CTS[1][3]	-	-	USART4_TX[1]	-	-
PA1	EVENTOUT	USART1_RTS[2] / USART2_RTS[1][3]	-	-	USART4_RX[1]	TIM15_CH1N[1]	-
PA2	TIM15_CH1[1][3]	USART1_TX[2] / USART2_TX[1][3]	-	-	-	-	-
PA3	TIM15_CH2[1][3]	USART1_RX[2] / USART2_RX[1][3]	-	-	-	-	-
PA4	SPI1_NSS	USART1_CK[2] / USART2_CK[1][3]	-	-	TIM14_CH1	USART6_TX[1]	-
PA5	SPI1_SCK	-	-	-	-	USART6_RX[1]	-
PA6	SPI1_MISO	TIM3_CH1	TIM1_BKIN	-	USART3_CTS[1]	TIM16_CH1	EVENTOUT
PA7	SPI1_MOSI	TIM3_CH2	TIM1_CH1N	-	TIM14_CH1	TIM17_CH1	EVENTOUT
PA8	MCO	USART1_CK	TIM1_CH1	EVENTOUT	-	-	-
PA9	TIM15_BKIN[1][3]	USART1_TX	TIM1_CH2	-	I2C1_SCL[1][2]	MCO[1]	-
PA10	TIM17_BKIN	USART1_RX	TIM1_CH3	-	I2C1_SDA[1][2]	-	-
PA11	EVENTOUT	USART1_CTS	TIM1_CH4	-	-	SCL	

這張表格可以清楚看到每個 IO 口能複用什麼樣的硬體功能，例如 PA9 可開啟複用 AF1 為 UASRT1_TX，也可以複用 I2C1_SCL 功能等等，在複用硬體功能具體的複用多少需要來這看。例如這顆的複用功能只有 AF0~AF7，以 STM32F4 系列來看的話，一個 IO 口最多可達複用 AF0~AF15。

類比輸入（Input Analog）

MCU 內部有 ADC 開啟類比輸入模式來讀取類比值轉換成數位值，這複用己也要看上圖這個複用功能表。

浮空輸入（Input floating）

浮空輸入通常用作按鍵的狀態檢測，可以看之前的製作電路板原理圖，Reset 的部分按鈕並聯個電容在上拉個電阻，沒按下的狀態是上拉 3.3V，按下時是 GND，這樣電路也可以應用在浮空輸入。

下拉輸入（Input pull-down）or 上拉輸入（Input pull-up）

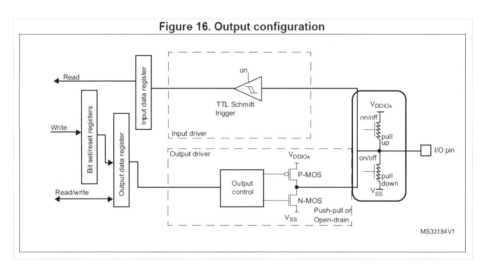

Figure 16. Output configuration

上圖右半邊框起處為內部的上拉電電阻合下拉電阻，有輸入模式的上下拉可選擇同理輸出模式也可以坐上下拉的設定，依據應用需求而選擇。

2.3　開發環境創建 - Keil5

下載 STM32 開發環境 Keil 5（Keil 官方網站：https://www.keil.com/download/product/），進到這網站後點選 MDK-Arm，如下圖：

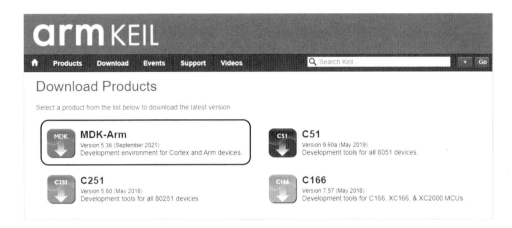

點選 MDK-Arm，不要選擇到其他的（例如 C51），那是給 8051 的單晶片開發環境的，選錯編譯程式不會過，點選進去後會出現需要你註冊的畫面：

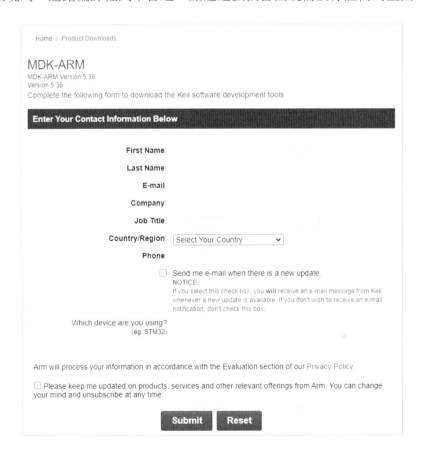

填個資料信箱送出後，官方就會把下載連結寄到信箱裡，點一下就可以下載了，安裝步驟就不詳細描述了，一直下一步就好。這軟體免費的跟付費的差別在於寫入程式的容量可以比較大而已，基本上平常小專案練習不會超過那界線。安裝後點開 Keil5，點選下圖框起部份：

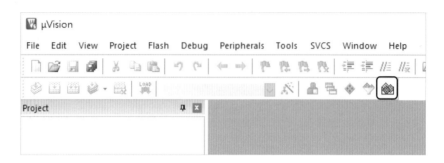

點開後會出現下圖各種基於 ARM 架構的 MCU 型號：

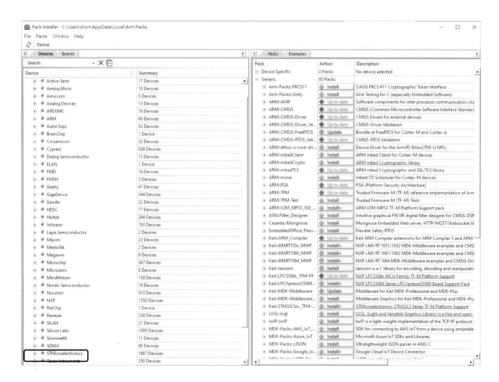

可以看到左半邊是許多大公司名字，像台灣的有 Holtek（盛群），國外大廠 STM、NXP、Microchip，這些大廠都有出關於 ARM 架構的 MCU 或 MPU，這邊選擇 STMicroelectronics。

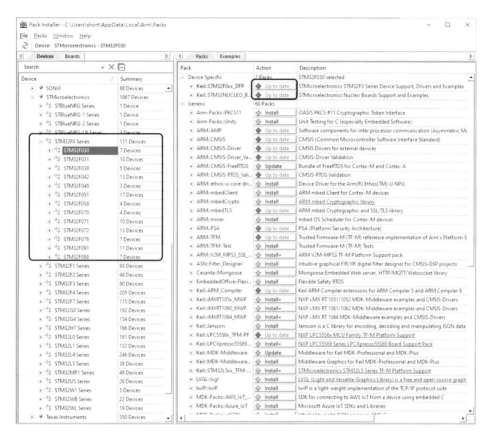

左半邊點開 STM32F030 這邊選擇你要使用的 MCU 就好了，右半邊先下在最上面的兩個驅動，這樣編譯程式和創建專案才能順利。這邊一開始會是 Install，假如已經下載過的有更新的話會變成黃色 Updata，載好了就可以使用 Keil5 來創建專案和編譯程式了。

2.4 操作暫存器控制 LED 閃爍講解

想走嵌入式系統開發這行必須了解最底層怎麼運作的，Arduino 底層也是類似這樣運作的，只是 Arduino 把這些操作都包起來寫成一個函式給你使用。這章節會講解如何查看 MCU 的暫存器位置，先以開起一個 GPIO 為範例做詳細講解，會以 STM32F030CC 來講解，接著再來附上零件行最常見的 STM32F103C8T6 開發板的暫存器開發程式碼，這樣比對讀者可以發現其實先學好一種 MCU 就夠了。

首先要先去官網載標準庫資料，這標準庫是官方先寫好的一些基礎功能的初始化函式和功能函式，在後面的標準庫開發的章節會使用到某些檔案，而這章節只需用到啟動檔，這個啟動檔案附檔名為 .s，這是由組合語言所編寫的，是 MCU 上電後第一個執行的程式碼，主要是告訴 MCU 接來該去哪執行主程式、中斷有哪些定義等等。

stm32f0 系列的標準庫下載網址：

https://www.st.com/zh/embedded-software/stsw-stm32048.html

如果讀者是使用其他顆型號的 MCU，可在首頁直接搜尋看看有沒有標準庫。

這個網站需要先註冊後登入才能下載，點取獲取軟件後會到下面這位置：

選擇最新的版本 1.6.0 後，按 Get latest 下載檔名為 en.stm32f0_stdperiph_lib.zip 的壓縮檔，載好後可以開始建暫存器開發環境了。

先找出啟動檔 startup_stm32f030xc.s，這個檔案是 MCU 上電後執行的第一個檔案，這用組合語言編寫的啟動程式主要是告訴 MCU 要去執行哪些事，例如最重要的要去 main 主程式裡面去執行使用者所打的程式。

這個啟動檔案的位置在：STM32F0xx_StdPeriph_Lib_V1.6.0\Libraries\CMSIS\Device\ST\STM32F0xx\Source\Templates\arm\startup_stm32f030xc.s。

上圖有許多型號的 MCU 啟動檔案，作者使用的是 stm32f030cc，選擇最相近的 startup_stm32f030xc.s，選錯的話有可能會讓程式碼無法從 keil 5 燒入。

接著將所需的啟動檔複製到一個資料夾，確認資料夾的名稱和路徑不能有中文，有中文會讓 keil 5 無法編譯程式碼，在這創建的資料夾名稱為 led_register。

複製到這 led_register 資料夾後再創建 main.c 和 stm32f0xx.h，可將上方的副檔名勾選起來，這樣在創建文字檔時，將後面的 .txt 改成 .c 或 .h 就可以了。

打開 Keil5 後點選上方選單＞Project＞New μVision Project...

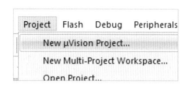

點選後會跳出一個視窗詢問專案要存哪，選擇剛剛創建的資料夾 led_register 裡，再打上專案名稱＞EX1_GPIO 按「存檔」後，會跳出下列視窗選擇你所用的 MCU：

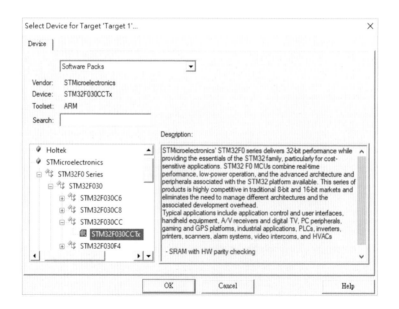

點開選單 STMicroelectronics＞STM32F0 Series＞STM32F030＞STM32 F030CCTx，選起後點「OK」後，會跳出下列視窗：

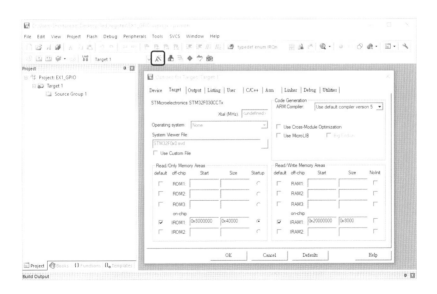

這視窗是在詢問你要不增加標準庫文件，這邊要暫存器開發不須引入標準庫，點擊 Cancel 關閉視窗。接下來配置我們的目標選項，在上方一個很像魔術棒的圖式：

這些配置在後面章節使用標準庫的時候很重要，先在此熟悉一下，沒配置對應的設定可能會造成編譯或是無法燒入。在 Target 裡選擇「Use MicroLIB」（使用微庫），方便之後用 UART 可以使用 printf 函數，還有右上方有個下拉選單「ARM Compiler」要選擇「Use default compiler version 5」，這裡要特注意，不然會造成編譯無法過，編譯沒過就無法燒入，位置如下圖框起處：

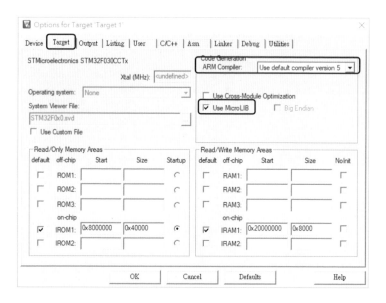

接著是上方的選單的 Output，這些是設置編譯後程式的輸出文件，可將原本的 Create HEX File 勾選起來，這個選項的用途是在編譯好程式碼後，會在專案的資料夾內產生 16 進制檔案，這個 .hex 檔就是你所燒入至 MCU 的檔案，以後開發不願讓別人看程式碼、但又需要給別人做燒入，就可以只提供這個檔案。

再來是「C/C++」的部分，下方有個 Include Paths，點選最右邊的 ⋯ 會跳出新視窗如下，在跳出的視窗右上方有個像式新增資料夾的圖式點選下去：

點選下去後會跳出預覽格子，在點擊右邊的 ⋯ 後會跳出新增資料夾，再選擇剛剛創建的資料夾底下後，點選「選擇資料夾」。這一個步驟的目的是為了讓編譯程式知道我們所 include 的 .h 檔案在哪，選擇 led_register 資料夾底下：

設定好 include 的來源資料夾後再來「Debug」。選擇你所需的燒錄器，我前面介紹的燒入器是 ST-Link，所以在這個選取 ST-Link Debugger 選錯是無法燒入跟找到 MCU。

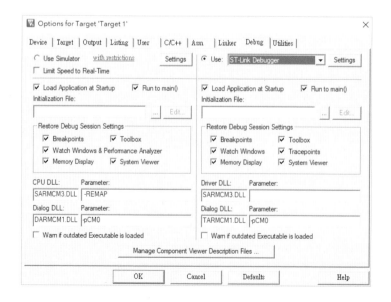

在沒插上燒錄器前點選右上角的「Settings」跳出的視窗會如下：

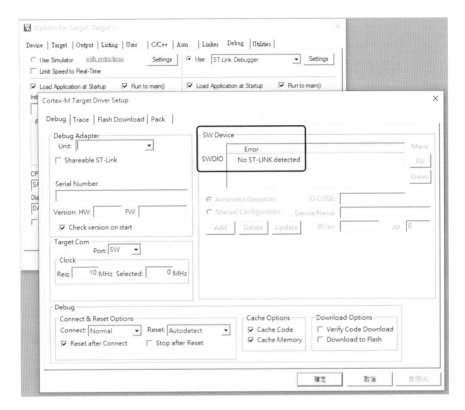

上圖右上方框起處會顯示目前的設備狀況，無插入任何燒入器顯示的是 No ST-LINK detected，有插入燒入器但沒連接到 MCU 的燒入腳會顯示 No target connected。假設有連接 MCU 卻顯示沒連接到，有幾點可以做這些檢查：①確保 MCU 有穩定供電 3.3V 包含 MCU 所有 GND 和 VDD 有連接好；②燒入腳是否有連接好。

以上兩種不行的話，可能就先用 STM32 ST-LINK Utility 這個工具來清除 MCU 的記憶體。連這個工具都抓取不到 MCU 的話，很大的機率是沒焊接好，全部重新焊接再一隻隻腳量測是否導通，最後才來判斷 MCU 是否壞掉。有偵測到 MCU 會顯示如下：

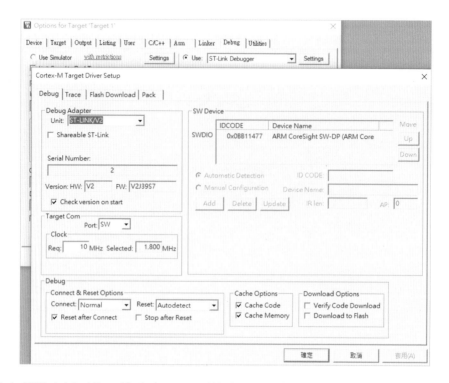

以上都設定好了後，按確定＞OK 離開這些視窗，目前 led_register 資料夾裡有三個檔案：①startup_stm32f030xc.s、②main.c、③stm32f0xx.h。這個章節會先講解 main.c 和 stm32f0xx.h 程式的部分，啟動檔為官方用組語所編寫的命令，目的是記憶體的設置、程式要去哪執行等等，也就是 MCU 接電源後第一個執行的地方。下圖為目前 Keil5 的畫面，可以看到左半邊空空的。

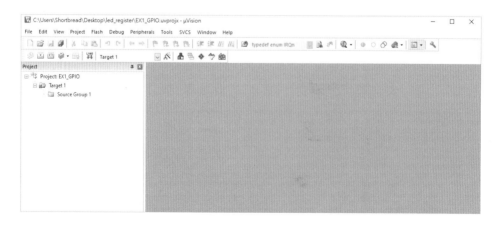

我們要先引入一開始創建的 main.c 和官方的啟動檔，對著「Source Group 1」快速點擊兩下會跳出視窗：

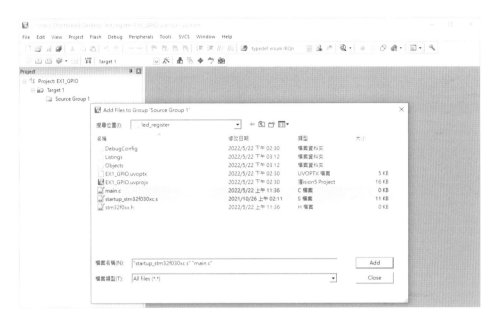

跳出此視窗後選取 main.c 和 startup_stm32f030xc.s，再點選 Add 來加入此專案。

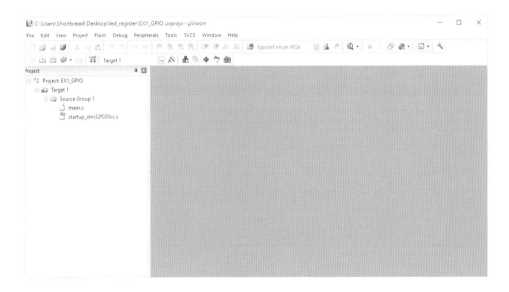

左半邊還沒看到我們的 .h 檔案，對著 main.c 快速點擊兩下後會出現可編輯
程式的畫面，在第一行打上 #include "stm32f0xx.h"，再按左上角的 Rebuild
進行全編譯後，就會在 main.c 下方出現一開始所創建的 stm32f0xx.h：

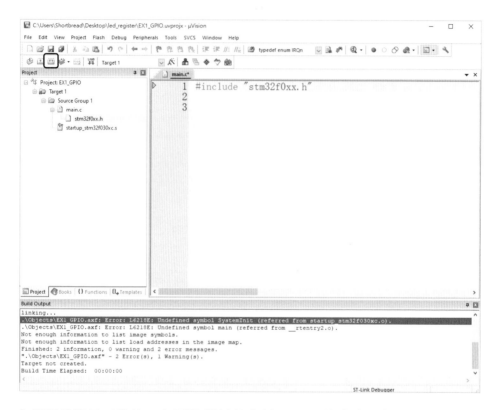

有編譯錯誤是正常的，主要的錯是說我們 main.c 沒有啟動檔所宣告的執行
主函式和 SystemInit，這個錯誤稍後再來處理。接著我們來講解 main.c、
stm32f0xx.h 這兩個程式要如何對暫存器操作。

stm32f0xx.h

```
main.c    stm32f0xx.h
1
2    //外圍設備功能起始地址 = 0x4000 0000
3    #define PERIPH_BASE        ((unsigned int)0x40000000)
4
5    //AHB1的總線基地址 = 0x4002 0000
6    #define AHB1PERIPH_BASE    (PERIPH_BASE + 0x00020000)
7
8    //AHB2的總線基地址 = 0x4800 0000
9    #define AHB2PERIPH_BASE    (PERIPH_BASE + 0x08000000)
10
11   //GPIOB的外設基地址 = 0x4800 0400
12   #define GPIOB_BASE         (AHB2PERIPH_BASE + 0x0400)
13
14
15   //GPIOB的暫存器地址，轉換成指針
16   #define GPIOB_MODER        *(unsigned int*)(GPIOB_BASE+0x00)
17   #define GPIOB_OTYPER       *(unsigned int*)(GPIOB_BASE+0x04)
18   #define GPIOB_OSPEEDR      *(unsigned int*)(GPIOB_BASE+0x08)
19   #define GPIOB_PUPDR        *(unsigned int*)(GPIOB_BASE+0x0C)
20   #define GPIOB_IDR          *(unsigned int*)(GPIOB_BASE+0x10)
21   #define GPIOB_ODR          *(unsigned int*)(GPIOB_BASE+0x14)
22   #define GPIOB_BSRR         *(unsigned int*)(GPIOB_BASE+0x18)
23   #define GPIOB_LCKR         *(unsigned int*)(GPIOB_BASE+0x1C)
24   #define GPIOB_AFRL         *(unsigned int*)(GPIOB_BASE+0x20)
25   #define GPIOB_AFRH         *(unsigned int*)(GPIOB_BASE+0x24)
26   #define GPIOB_BRR          *(unsigned int*)(GPIOB_BASE+0x28)
27
28   //RCC外設功能起始地址 = 0x4002 1000
29   #define RCC_BASE           (AHB1PERIPH_BASE + 0x1000)
30
31   //AHB總線上的RCC暫存器地址，強制轉換成指針
32   #define RCC_AHBENR         *(unsigned int*)(RCC_BASE+0x14)
33
```

stm32f0xx.h 這部分會搭配著 stm32f030 的參考手冊來說明如何搜尋暫存器位置，接下來會先以開啟 PB2 的 IO 口為範例，用其他行到的 MCU 也可以造著同樣的思考方式去做實踐。

首先第 3 行的外圍設備功能的起始地址是 0x4000 0000，這部分要看到參考手冊裡的 2.2.1 裡的 Memory map 記憶體地圖：

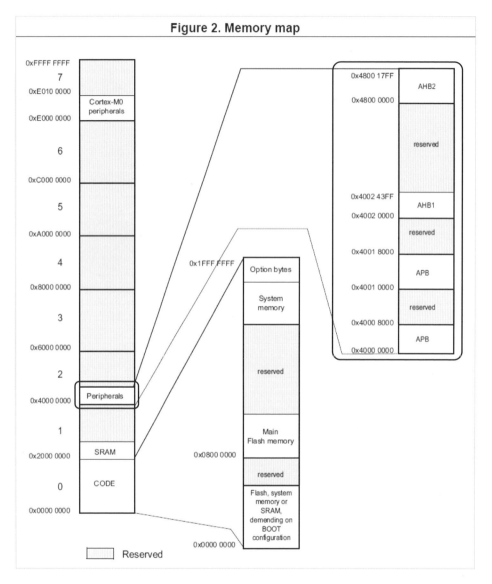

Figure 2. Memory map

Peripherals 為外部設備簡稱外設，可以看到外設的位置是 0x4000 0000 ~ 0x4800 17FF，起始位置是 0x4000 0000，程式的第三行是查看這邊的。再來看到第 6 行跟第 9 行程式，個別為 AHB1 外的起始地址 AHB1 的地址是外設基地址 0x4000 0000 + 0x0002 0000，會等於 0x4002 0000，這個位置也是從記憶體地圖查到，同理可知 AHB2 的位置。再來是第 12 行的 GPIOB 的外設基地址，這個基地址是在 AHB2 的裡面偏移 0x400，所以

GPIOB 的外設基地址就是 0x4800 0400，這個部分的偏移位置可在參考手冊裡 2.2.2 裡的暫存器地址邊界表格：

Table 2. STM32F0x0 peripheral register boundary addresses

Bus	Boundary address	Size	Peripheral	Peripheral register map
-	0xE000 0000 - 0xE00F FFFF	1MB	Cortex®-M0 internal peripherals	-
-	0x4800 1800 - 0x5FFF FFFF	~384 MB	Reserved	-
AHB2	0x4800 1400 - 0x4800 17FF	1KB	GPIOF	Section 8.4.11 on page 141
	0x4800 1000 - 0x4800 13FF	1KB	Reserved	-
	0x4800 0C00 - 0x4800 0FFF	1KB	GPIOD	Section 8.4.11 on page 141
	0x4800 0800 - 0x4800 0BFF	1KB	GPIOC	Section 8.4.11 on page 141
	0x4800 0400 - 0x4800 07FF	1KB	GPIOB	Section 8.4.11 on page 141
	0x4800 0000 - 0x4800 03FF	1KB	GPIOA	Section 8.4.11 on page 141
-	0x4002 4400 - 0x47FF FFFF	~128 MB	Reserved	-
AHB1	0x4002 3400 - 0x4002 43FF	4 KB	Reserved	-
	0x4002 3000 - 0x4002 33FF	1 KB	CRC	Section 5.4.5 on page 74
	0x4002 2400 - 0x4002 2FFF	3 KB	Reserved	-
	0x4002 2000 - 0x4002 23FF	1 KB	FLASH interface	Section 3.5.9 on page 64
	0x4002 1400 - 0x4002 1FFF	3 KB	Reserved	-
	0x4002 1000 - 0x4002 13FF	1 KB	RCC	Section 7.4.15 on page 125
	0x4002 0400 - 0x4002 0FFF	3 KB	Reserved	-
	0x4002 0000 - 0x4002 03FF	1 KB	DMA	Section 10.4.8 on page 168
-	0x4001 8000 - 0x4001 FFFF	32 KB	Reserved	-

上圖可看到 AHB2 裡有 GPIOB，起始位置由左往右看是 0x4800 0400，還有程式 29 行的 RCC 外設起始地址是 0x4002 1000，也是從這表格查詢的。再來看到 16~26 行的偏移地址是針對 GPIOB 這個外設基地址去做偏移的，看到參考手冊 8.4 節的 GPIO register 裡有這些 GPIO 暫存器相關的偏移地址，這個是最後的偏移地址要跟據這些最後的位置來操作，以 19 行的 GPIOB_PUPDR 是偏移 0x0C 這個部分，要看 8.4.4 節：

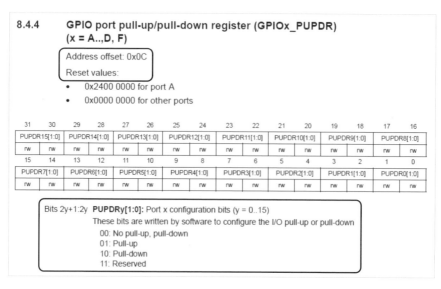

這個暫存器主要是在控制 IO 口模式為上拉、下拉或浮空，可以看到偏移地址為 0x0C，所以實際地址為 12 行的 GPIOB_BASE 加上偏移地址為最後實際地址 0x4800 041C。上圖這 GPIOx_PUPDR 的暫存器說明就在下方，2 bit 為設定一個 GPIO，PB2 需要設定就對 PUPDR2 這個位置寫入 01 為設定 PB2 為上拉模式。

16~26 行這些暫存器名稱定義，是根據參考手冊裡的 GPIO 章節所撰寫的，下圖為參考手冊的目錄 8.4 節：

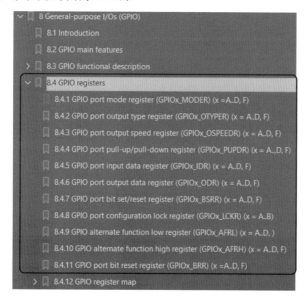

8.4 節為 GPIO registers 這個章節主要說明關於 GPIO 可操作的暫存器有哪些以及如何操作，並不是每個暫存器都是要附值而開啟某項功能，例如 8.4.6 節的 ODR，這個暫存器是在可看目前輸出暫存器的狀態也可以做寫入，這次的作業是讓 LED 閃爍，只需要開啟對應 GPIO 口的 RCC 時鐘和設置模式後就可以 8.4.7 節的 BSRR 或 ODR 暫存器來操作。

main.c

```c
//操作暫存器來亮滅LED燈
#include "stm32f0xx.h"

int main(void)
{
    int i=0;
    /*開啟 GPIOB的時鐘*/
    RCC_AHBENR |= (1<<18); //使用外部設備的功能都要先開對的時鐘

    /***** PB2端口初始化 *****/

    GPIOB_MODER &=~(0x3 <<(2*2));    //GPIOB MODER2 清除
    GPIOB_MODER |= (0x1 <<(2*2));    //GPIOB MODER2 設定為輸出模式01

    GPIOB_OTYPER &=~(0x1<<2);        //GPIOB OTYPER2 清除
    GPIOB_OTYPER |= (0x0<<2);        //GPIOB OTYPER2 設定為推拉模式

    GPIOB_OSPEEDR &=~(0x3 <<(2*2));  //GPIOB OSPEEDR2 清除
    GPIOB_OSPEEDR |= (0x0 <<(2*2));  //GPIOB OSPEEDR2 設定為高速模式

    GPIOB_PUPDR &=~(0x3 <<(2*2));    //GPIOB PUPDR2 清除
    GPIOB_PUPDR |= (0x0 <<(2*2));    //GPIOB PUPDR2 設定為不上拉和不下拉

    while(1)
    {
        GPIOB_BSRR |= (1<<2);    //PB2輸出高電位

        for(i=0;i<=150000;i++); //小延時

        GPIOB_BSRR |= (1<<18);   //PB2輸出低電位

        for(i=0;i<=150000;i++); //小延時

    }
}

void SystemInit(void) //空函數，這函式為啟動檔裡面需要的函式
{

}
```

第二行 include 前面所撰寫許多定義的 stm32f0xx.h，這樣在主程式使用那些地址不須打出數字，只需打出對應的名稱即代表相對位置，這稱為暫存器映射。第 6 行宣告整數 i 的用意是在等等為了讓 LED 有閃爍而宣告計數的變數這方法較為粗糙，在 4-2 節的部份會使用更精準的計時，第 8 行為開啟 GPIO B 的時鐘，時鐘跟 RCC 暫存器有相關，需要看到參考手冊的 7.4.6 AHB peripheral clock enable register (RCC_AHBENR)，這暫存器是

在對 GPIO 口 A 到 F 開起對應的時鐘，這樣才能使 IO 動作，本節的作業
是讓 PB2 這個 IO 口動作，所以看到下圖的 18 bit 再對應到 main.c 的第 8
行對這暫存器第 18 bit 賦予數值 1：

7.4.6　AHB peripheral clock enable register (RCC_AHBENR)

Address offset: 0x14

Reset value: 0x0000 0014

Access: no wait state, word, half-word and byte access

Note: *When the peripheral clock is not active, the peripheral register values may not be readable by software and the returned value is always 0x0.*

31	30	29	28	27	26	25	24	23	22	21	20	19	18	17	16
Res	Res	Res	Res	Res	Res	Res	Res	Res	IOPF EN	Res	IOPD EN	IOPC EN	IOPB EN	IOPA EN	Res
									rw		rw	rw	rw	rw	

15	14	13	12	11	10	9	8	7	6	5	4	3	2	1	0
Res	Res	Res	Res	Res	Res	Res	Res	Res	CRC EN	Res	FLITF EN	Res	SRAM EN	Res	DMA EN
									rw		rw		rw		rw

Bits 31:23　Reserved, must be kept at reset value.

Bit 22　**IOPFEN:** I/O port F clock enable
Set and cleared by software.
　0: I/O port F clock disabled
　1: I/O port F clock enabled

Bit 21　Reserved, must be kept at reset value.

Bit 20　**IOPDEN:** I/O port D clock enable
Set and cleared by software.
　0: I/O port D clock disabled
　1: I/O port D clock enabled

Bit 19　**IOPCEN:** I/O port C clock enable
Set and cleared by software.
　0: I/O port C clock disabled
　1: I/O port C clock enabled

Bit 18　**IOPBEN:** I/O port B clock enable
Set and cleared by software.
　0: I/O port B clock disabled
　1: I/O port B clock enabled

Bit 17　**IOPAEN:** I/O port A clock enable
Set and cleared by software.
　0: I/O port A clock disabled
　1: I/O port A clock enabled

Bits 16:7　Reserved, must be kept at reset value.

Bit 6　**CRCEN:** CRC clock enable
Set and cleared by software.
　0: CRC clock disabled
　1: CRC clock enabled

同理可推 12 行、13 行為設置 GPIO 口的模式，先將 GPIO_MODER 這個
暫存器全部清除再賦予數值，下圖為 GPIO_MODE 暫存器的說明，再參考
手冊的 8.4.1：

8.4.1　GPIO port mode register (GPIOx_MODER) (x = A..D, F)

Address offset:0x00

Reset values:
- 0x2800 0000 for port A
- 0x0000 0000 for other ports

31	30	29	28	27	26	25	24	23	22	21	20	19	18	17	16
MODER15[1:0]		MODER14[1:0]		MODER13[1:0]		MODER12[1:0]		MODER11[1:0]		MODER10[1:0]		MODER9[1:0]		MODER8[1:0]	
rw	rw	rw	rw	rw	rw	rw	rw	rw	rw	rw	rw	rw	rw	rw	rw

15	14	13	12	11	10	9	8	7	6	5	4	3	2	1	0
MODER7[1:0]		MODER6[1:0]		MODER5[1:0]		MODER4[1:0]		MODER3[1:0]		MODER2[1:0]		MODER1[1:0]		MODER0[1:0]	
rw	rw	rw	rw	rw	rw	rw	rw	rw	rw	rw	rw	rw	rw	rw	rw

Bits 2y+1:2y **MODERy[1:0]**: Port x configuration bits (y = 0..15)
These bits are written by software to configure the I/O mode.
　　00: Input mode (reset state)
　　01: General purpose output mode
　　10: Alternate function mode
　　11: Analog mode

這個也是 2bit 控制一個 IO 口，可控制 0~15 共 16 個 IO 口，要設置 PB2 為
輸出模式，就需要在上圖框起部分 MODER2[1:0]輸入 01。程式的第 12 行
會先清除這部分暫存器在 13 部分賦予這些暫存器數值。這是一個重要的
好習慣，24 到 34 行 While 迴圈裡控制 BSRR 暫存器來讓 IO 閃爍，BSRR
暫存器的部分請參考手冊裡 8.4.7 節的說明：

8.4.7　GPIO port bit set/reset register (GPIOx_BSRR) (x = A..D, F)

Address offset: 0x18

Reset value: 0x0000 0000

31	30	29	28	27	26	25	24	23	22	21	20	19	18	17	16
BR15	BR14	BR13	BR12	BR11	BR10	BR9	BR8	BR7	BR6	BR5	BR4	BR3	BR2	BR1	BR0
w	w	w	w	w	w	w	w	w	w	w	w	w	w	w	w

15	14	13	12	11	10	9	8	7	6	5	4	3	2	1	0
BS15	BS14	BS13	BS12	BS11	BS10	BS9	BS8	BS7	BS6	BS5	BS4	BS3	BS2	BS1	BS0
w	w	w	w	w	w	w	w	w	w	w	w	w	w	w	w

Bits 31:16　**BRy:** Port x reset bit y (y = 0..15)

These bits are write-only. A read to these bits returns the value 0x0000.

0: No action on the corresponding ODRx bit

1: Resets the corresponding ODRx bit

Note:　If both BSx and BRx are set, BSx has priority.

Bits 15:0　**BSy:** Port x set bit y (y= 0..15)

These bits are write-only. A read to these bits returns the value 0x0000.

0: No action on the corresponding ODRx bit

1: Sets the corresponding ODRx bit

BSRR 為 bit set/reset register 的縮寫，看到上圖的下方說明欄主要是在說可操作 BRy 的 16~31 置 1 時會置 0 給 ODR 暫存器，BSy 則是 0~15 置 1 時會置 1 給 ODR 暫存器，可以注意到 BSRR 這個暫存器只能做寫入動作，而 ODR 可寫也可以讀，這部份先來複習一開始所說的 GPIO 的功能框圖來了解 BSRR 在哪、ODR 在哪：

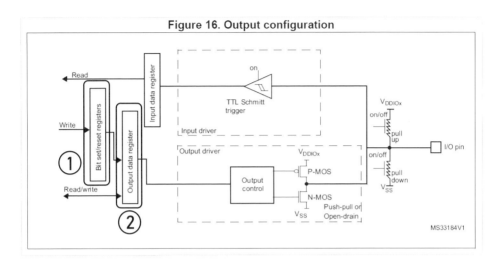

Figure 16. Output configuration

1 為 BSRR、2 為 ODR，再來看看 ODR 暫存器的描述有說明操作 BSRR 可直接對 ODR 操作在 8.4.6 節：

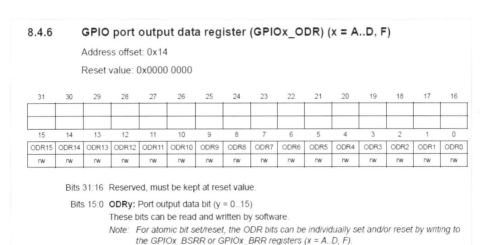

也可以對 ODR 置 1 或置 0 也會改變輸出狀態，程式碼 BSRR 那兩行換成 GPIOB_ODR |= (1<<2);這個為輸出口 2 拉 High 和 GPIOB_ODR &= ~(1<<2); 將輸出口 2 拉 low，程式碼改動如下圖：

```
24    while(1)
25    {
26      GPIOB_ODR |=(1<<2);   /*  GPIOB_BSRR |= (1<<2);  ，PB2輸出高電位 */
27
28      for(i=0;i<=600;i++); //迴圈小延時
29
30      GPIOB_ODR &=~(1<<2); /*  GPIOB_BSRR |= (1<<18);  ，PB2輸出低電位 */
31
32      for(i=0;i<=600;i++); //迴圈小延時
33    }
34  }
35
```

以上的教學也適用其他顆 MCU 一定要看數據手冊和參考手冊，數據手冊
主要是在描述這顆 MCU 的規格和特性，參考手冊則是詳細的暫存器功能
描述，兩個都要會看。考慮到讀者可能沒有 F0 系列的 MCU，但
stm32f103c8 的開發版在許多零件行都有賣，以下的程式碼也再實現一次對
stm32f103c8 來控制 GPIO 口的 PB3 來閃爍。

stm32f1xx.h

```
1   /* 外圍設備功能起始地址 = 0x4000 0000 */
2   #define PERIPH_BASE      ((unsigned int)0x40000000)
3
4   /* APB2的總線基地址 = 0x40010000 */
5   #define APB2PERIPH_BASE    (PERIPH_BASE + 0x00010000)
6
7   /*GPIOB的外設基地址 = 0x40010C00 */
8   #define GPIOB_BASE       (APB2PERIPH_BASE+ 0x0C00)
9
10  /*GPIOB的暫存器地址，轉換成指針 */
11  #define GPIOB_CRL      *(unsigned int*)(GPIOB_BASE+0x00)
12  #define GPIOB_CRH      *(unsigned int*)(GPIOB_BASE+0x04)
13  #define GPIOB_IDR      *(unsigned int*)(GPIOB_BASE+0x08)
14  #define GPIOB_ODR      *(unsigned int*)(GPIOB_BASE+0x0C)
15  #define GPIOB_BSRR     *(unsigned int*)(GPIOB_BASE+0x10)
16  #define GPIOB_BRR      *(unsigned int*)(GPIOB_BASE+0x14)
17  #define GPIOB_LCKR     *(unsigned int*)(GPIOB_BASE+0x18)
18
19  #define AFIO_MAPR        *(unsigned int*)(0x40010004)
20
21  /* RCC外設功能起始地址 = 0x4002 1000 */
22  #define RCC_BASE         (0x40021000)
23
24  /* AHB總線上的 RCC_APB2ENR暫存器地址= 0x4002 1018，強制轉換成指針 */
25  #define RCC_APB2ENR    *(unsigned int*)(RCC_BASE+0x18)
26
```

這是 stm32f103c8 這顆 MCU 暫存器操作的範例程式，建專案跟暫存的查
找跟前面 stm32f030cc 一樣就不再詳細介紹了。1 到 8 行為個別總線的基
地址 11 到 17 行為屬於 GPIOB 的暫存器地址，103 跟 030 比較不一樣的是

多了 CRL 和 CRH 這兩個設定模式的暫存器，103 的 BSRR 跟 030 的功能一樣則 BRR 是指對 0~15 的 IO 口拉低電位，可以直接對 ODR 賦值。19 行的 AFIO_MAPR 為復用功能 IO 口控制的暫存器控制，每個 IO 不是只有一樣功能，可能它同時具備 UART、I2C、SPI、ADC 等等功能，假設今天需要用到 stm32f103c8 這顆 MCU 的 PB3IO 口對它 GPIO 口的暫存器做宣告並寫一個閃爍燈程式，它是不有任何動作的，讀者可以自己實驗看看，原因是復位時 PB3 和 PB4 默認為 JTAG 燒位腳的，這部分可以看到 stm32f10x Reference manual 裡面的 9.3.5 節 JTAG/SWD 的描述：

9.3.5　JTAG/SWD alternate function remapping

The debug interface signals are mapped on the GPIO ports as shown in Table 36.

Table 36. Debug interface signals

Alternate function	GPIO port
JTMS / SWDIO	PA13
JTCK / SWCLK	PA14
JTDI	PA15
JTDO / TRACESWO	PB3
NJTRST	PB4
TRACECK	PE2
TRACED0	PE3
TRACED1	PE4
TRACED2	PE5
TRACED3	PE6

框起來的部分為 PB3 和 PB4 這兩隻腳為 JATG 燒錄方式 JTDO 和 NJTRST 腳，想讓這兩隻腳做一般 IO 口使用，就必須要操作 AFIO_MAPR 暫存器，這部分會在主程式做說明。22 和 25 行為 RCC 的起始地址和 RCC_APB2ENR 暫存器的實際地址。

main.c

```
1   /*操作暫存器來亮滅LED燈*/
2   #include "stm32f1xx.h"
3
4   int main(void)
5   {
6     int i=0;
7
8     RCC_APB2ENR |= (1<<3);   /*開啟 GPIOB的時鐘*/
9     RCC_APB2ENR |= (1<<0);   /*啟用 AFIO */
10
11    AFIO_MAPR |= (1<<25);   /*關閉PB3和PB4的JTAG-DP功能，AFIO_MAPR的SWJ_CFG[2:0]=010*/
12
13    /***** PB3端口初始化 *****/
14    GPIOB_CRL  &= ~( 0xf<< (12));   /*將GPIOx_CRL的CNF3和MODE3清除*/
15    GPIOB_CRL  |= ( 0x1<< (12));    /*將GPIOx_CRL的CNF3和MODE3設置為
16                                      輸出模式，速度為10MHz，推拉模式*/
17    while(1)
18    {
19      GPIOB_BSRR |= (1<< 3);   /* PB3輸出高電位 */
20      for(i=0;i<=500000;i++);  /* 迴圈小延時 */
21
22      GPIOB_BSRR |= (1<< 19);  /* PB3輸出低電位 */
23      for(i=0;i<=500000;i++);  /* 迴圈小延時 */
24    }
25  }
26
27  void SystemInit(void)/*空的函數防止編譯器，這函式為啟動檔裡面需要的函式*/
28  {
29  }
```

主程式的部分跟 stm32f030cc 的範例類似，前面有看懂 030 的範例換顆 MCU 不難理解。首先來看 8 和 9 行是在做什麼操作，要先打開 stm32f10x Reference manual 裡的 RCC_APB2ENR 暫存器描述，在 8.3.7 節裡：

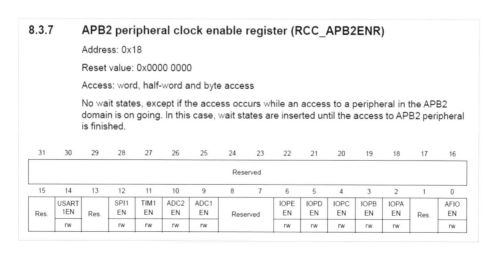

8.3.7 APB2 peripheral clock enable register (RCC_APB2ENR)

Address: 0x18

Reset value: 0x0000 0000

Access: word, half-word and byte access

No wait states, except if the access occurs while an access to a peripheral in the APB2 domain is on going. In this case, wait states are inserted until the access to APB2 peripheral is finished.

31	30	29	28	27	26	25	24	23	22	21	20	19	18	17	16
Reserved															

15	14	13	12	11	10	9	8	7	6	5	4	3	2	1	0
Res.	USART1EN	Res.	SPI1EN	TIM1EN	ADC2EN	ADC1EN	Reserved		IOPEEN	IOPDEN	IOPCEN	IOPBEN	IOPAEN	Res.	AFIOEN
	rw		rw	rw	rw	rw			rw	rw	rw	rw	rw		rw

APB2 這個總線可以對某個 IO 口做開啟時鐘例如 2~6 的 IO 口時鐘 9~10 的 ADC，12 的 SPI1，在看到 main.c 裡的第 8 行為 1 左移 3 位，在看上圖表會看到 IOPBEN 這個暫存器賦值 1 給他為啟用這功能，同理可知第 9 行為對 0 這個 AFIOEN 位賦值 1。至於 IOPBEN 和 AFIOEN 指的是什麼？在上圖這表格的下面就有說明了，擷取部分：

Bit 3　**IOPBEN**: I/O port B clock enable
Set and cleared by software.
0: I/O port B clock disabled
1:I/O port B clock enabled

Bit 2　**IOPAEN**: I/O port A clock enable
Set and cleared by software.
0: I/O port A clock disabled
1:I/O port A clock enabled

Bit 1　Reserved, must be kept at reset value.

Bit 0　**AFIOEN**: Alternate function I/O clock enable
Set and cleared by software.
0: Alternate Function I/O clock disabled
1:Alternate Function I/O clock enabled

可以看到對應的 Bit 賦值為開啟對應的時鐘功能。14、15 行為 PB3 IO 口的初始化，來看到 GPIOx_CRL 這個暫存器的描述，在參考手冊裡的 9.2.1 節裡的部分：

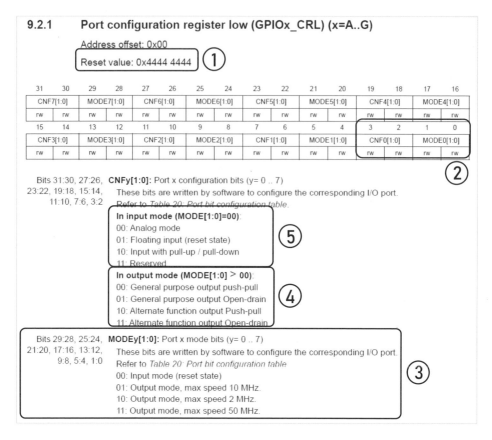

依方框的位置一一解析：

1. **Reset value**

   重置後的數值，也就是一上電後的狀態是 0x4444 4444，每 4Bit 控制
   一個 IO 口 CRL 這個暫存器共可控制 0~7 個 IO 口，0x4444 4444 這個
   轉為二進制為 0100 0100 ⋯⋯，每 4 位元一組控制一個 IO 口，將每隻
   腳宣告為輸入浮空模式。

2. **CNF0[1:0] MODE0[1:0]**

   4bit 為控制一個 IO 口的模式，要先配置 MODE 在配置 CNF，因為
   CNF 配置的數值會由 MODE 決定。

3. **MODEy[1:0]**

   這裡描述到配置 00 為輸入模式，01、10、11 為輸出模式，個別速度不同。

4. **In output mode (MODE[1:0>00])**

意思是當 MODE 設定為輸出時（條件在括弧裡 MODE[1:0>00]>0 帶表為輸出模式），此時 CNF 的 2bit 的 00、01、10、11 代表以下這些模式。

5. **In input mode (MODE[1:0=00])**

根據第 4 項同理可知，將 MODE 設定為 00 輸入模式時，此時 CNF 的 2bit 的 00、01、10、11 代表以下這些模式。

CRL 這個暫存器是控制 GPIO 口 0~7、CRH 則是 8~15，再看回 main.c 裡的 14 行，先將對應的 IO 口 CRL 暫存器清 0，在 15 行時才是賦予 GPIO 口模式。假如不先做這清除的動作，會變成 0100 | 0001 = 0101，會變成輸出開漏模式而不是輸出推拉模式，要養成個好的習慣一定要先將要使用的 IO 全部清除在賦值。至於 BSRR 為什麼沒有先清除的關係，是因為 BSRR 它重置後的狀態為 0x0000 0000。最後來解說 11 行的 AFIO_MAPR|=(1<<25)主要功用，要先翻到參考手冊的 9.4.2 章節如下圖：

9.4.2 AF remap and debug I/O configuration register (AFIO_MAPR)

Address offset: 0x04

Reset value: 0x0000 0000

Memory map and bit definitions for low-, medium- high- and XL-density devices:

31	30	29	28	27	26	25	24	23	22	21	20	19	18	17	16
		Reserved				SWJ_CFG[2:0]			Reserved		ADC2_E TRGREG _REMAP	ADC2_E TRGINJ_ REMAP	ADC1_E TRGREG _REMAP	ADC1_E TRGINJ_ REMAP	TIM5CH4 _IREMAP
					w	w	w				rw	rw	rw	rw	rw

15	14	13	12	11	10	9	8	7	6	5	4	3	2	1	0
PD01_ REMAP	CAN_REMAP [1:0]		TIM4_ REMAP	TIM3_REMAP [1:0]		TIM2_REMAP [1:0]		TIM1_REMAP [1:0]		USART3 REMAP[1:0]		USART2 REMAP	USART1 REMAP	I2C1_ REMAP	SPI1_ REMAP
rw	rw	rw	rw	rw	rw	rw	rw	rw	rw	rw	rw	rw	rw	rw	rw

Bits 31:27 Reserved

Bits 26:24 **SWJ_CFG[2:0]**: Serial wire JTAG configuration

These bits are write-only (when read, the value is undefined). They are used to configure the SWJ and trace alternate function I/Os. The SWJ (Serial Wire JTAG) supports JTAG or SWD access to the Cortex® debug port. The default state after reset is SWJ ON without trace. This allows JTAG or SW mode to be enabled by sending a specific sequence on the JTMS / JTCK pin.

000: Full SWJ (JTAG-DP + SW-DP): Reset State
001: Full SWJ (JTAG-DP + SW-DP) but without NJTRST
010: JTAG-DP Disabled and SW-DP Enabled
100: JTAG-DP Disabled and SW-DP Disabled
Other combinations: no effect

這個暫存器主要是在控制賦用功能的開關，現在要關注的 24bit~26bit 的 SWJ_CFG[2:0]。看回主程式的 11 行 1<<25，所以 SWJ_CFG[2:0]這個位為 010，筆者將 JTAG 關掉、SW 打開，這兩個都是 STM 的燒入方式，我們目前用的 SW 方式只需要四隻腳 VCC、GND、SWDIO、SWCLK。到這裡不知道讀者心中有沒有這個疑問，假設將這 SWJ_CFG[2:0]設為 100 把兩個 IO 口都關掉會怎麼樣？答案是都不能燒入，這時只能用 STM32 ST-LINK Utility 這個程式去做清除記憶體的動作，這個程式為 STM 舊版的燒入程式，新版的為 STM32CubeProgrammer，這兩個功能是差不多的，用電子零件行買的 STLink 的燒入器只能用 STM32 ST-LINK Utility 這個程式，用 STM32CubeProgrammer 會無法使用，STM 的軟體會認燒錄器是不是原廠的。

筆者認為原廠的其實並不貴，二代正版約 600~800 元，三代正版約為 1,300 元。筆者一開始學習時是使用電子零件行賣 100 多元的非原廠燒錄器 ST link V2，使用上時而正常、時而出問題，換了好幾個燒入器才發現這非原廠燒錄器不是很穩定，最後才買原廠就沒問題了。

2.5 總結

這章節主要在描述 MCU 底層的暫存器原理，先以 STM32F030CC 這顆 MCU 做詳細解析，最後再附上 STM32F103C8 這顆 MCU 的暫存器操作點亮 LED 燈。要如何去操作這些暫存器來達到控制 IO 口搭配著數據手冊和參考手冊做解說，這可以訓練初學者讀手冊的能力，此為韌體開發者必備的技能，連手冊都讀不起來別說能開發什麼樣的專案了。市面上的 STM32 的教學書應該是找不到有這些手冊的解析和查找方法，本書沒有全部描述到，但重點地方都有提出來，希望讀者能搭配手冊仔細閱讀本章。

標準庫函式開發

3.1 STM32 標準庫函式簡介

上一章示範了如何操作暫存器來控制 MCU，光是一個小小的 GPIO 控制輸出就要查找手冊很多地方，而 STM32 還有許多功能，每個功能都需要這樣操作暫存器是相當耗時的一件事，如果其中有個暫存器位置打錯或看錯，最後要除錯更是難上加難。此外，還必須考量程式的可利用性，因專案需求要更換 MCU 型號暫存器位置也會不同。而 STM32 出的標準庫解決了以上這些困擾，幫助開發者更快更方便地控制 STM32 晶片。

這個章節的標準庫範例還是會以 STM32F030CC 為例，讀者使用其它顆型號的 MCU，也可比照此章節的學習方法，作者會在本書的下載資源附上 stm32f103c8 的標準庫開發，實現功能與本章相同，讀者可以互相比對兩顆 MCU 做同樣一件事的差別，看懂並實現後會發現差別並不大，差在功能多寡或設定的暫存器不同而已。

先來看看 ST 官網對標準庫的介紹吧。STM32F0xx 標準庫網址：https://www.st.com/zh/embedded-software/stsw-stm32048.html

產品描述的地方主要是在說 STM32F0xx 標準庫 STSW-STM32048 是一個完整的程式包，適用於 STM32F0xx 設備，也具備所有外設的功能驅動程式。其中包含一系列範例、資料結構和定義。它包括設備驅動程式的描述，以及每個外圍設備的一組示例。使用這個 STM32F0xx 標準庫有兩個優勢：它可以節省大量編寫程式的時間，同時降低應用程序開發和集成成本。

對開發者最主要就是節省時間，搞懂一種 MCU 的標準庫開發方式，換其他顆 MCU 也可以很快進入狀況，因此筆者希望透過這章節讓大家瞭解標準庫開發範例，懂了標準庫後，對於 ST 剛出不久支援 STM32Cube.MX 的自動生成 HAL 庫開發環境也不會覺得陌生，所以先學標準庫開發是有好處的。

首先請點選「Get Software」下載標準庫函式的資料：

點選「Get Software」後，畫面會掉到下方選擇你要的版本，本書選擇是版本是 1.6.0。

點選 1.6.0 後會跳出許可協議的視窗，點選「ACCEPT」接受後就會開始下載了，下載完後會看到檔名為 en.stm32f0_stdperiph_lib.zip 的壓縮檔，將此檔案解壓縮後會出現個資料夾，這就是標準庫的資料包。資料夾內的

內容繁多，在此不逐一介紹，只著重在建立一個標準庫的開發環境大概需要的部分。

我們先以 STM32F030CC 這顆為例，當然這方法也可以套用到其他顆 MCU 的型號，也許會有些不一樣但這影響不大，讀者在建立其他顆 MCU 比較常見的問題是編譯時少什麼 .c 或 .h 檔，這在 Keil 裡的編譯結果都會顯示出來，可能遇到的問題太多種了，筆者無法整理出來，只能先以沒問題的範例跟大家解說如何建立標準庫的開發環境，底下說明的建立方式純屬筆者個人習慣，讀者理解後可調整成自己習慣的方式。

解壓縮剛剛下載好的標準庫後，點開資料夾會看到以下多個資料夾和 HTML 說明檔案：

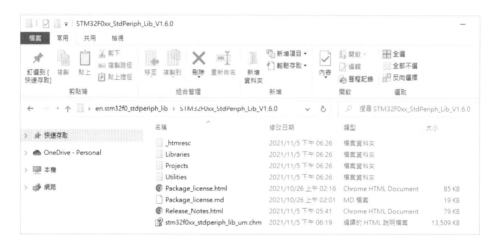

◆ Libraries：這個資料夾主要是標準庫的程式，裡面有 STM32 所有功能的驅動程式包含啟動檔案。

◆ Project：這裡面有用驅動庫寫的例子和工程樣板。

◆ Utilities：包含基於 ST 官方的開發版的歷程，以及其他軟體執行檔。

◆ Package_license：關於這個軟體的許可權和版權聲明。

◆ Release_Notes：這是關於標準庫更新的資訊。

◆ stm32f0xx_stdperiph_lib_um：關於標準裡面所有功能函式的說明和使用方法。

筆者只會用到 Libraries 這個資料底下的資料來教學如何建立起開發環境，有一定程度的讀者可以自行去看 stm32f0xx_stdperiph_lib_um 這個檔案裡的說明，裡面有非常詳細的標準庫使用說明，描述如何使用裡面的函式來對 STM32 做操作。

3.2　標準庫開發環境 - Keil5

上一節簡單的介紹了一下標準庫函式的資料夾裡面放了什麼，這節就來以實例來創建標準庫函數，並一步步說明創建專案最少需要那些檔案編譯才不會有錯誤，還有 Keil5 的相關設定。

先在桌面創建個空資料夾並命名為 STM32F030CC_Templates，在這裡面再個別創建三個空白資料夾—Libraries、Project 和 User：

各個資料夾的意義，描述如下：

◆ **Libraries**：主要來放置標準庫的外設功能驅動程式的地方，這裡面會個別再創建兩個資料夾—**CMSIS** 和 **STM32F030_StdPeriph_Driver**，CMSIS（Cortex Microcontroller Software Interface Standard）是 Cortex-M 處理器系列的與供應商無關的硬體抽象層，主要是放置關於 STM32F030CC 這顆 M0 內核相關的函式庫，STM32F030 的啟動文件也在這裡面；**STM32F030_StdPeriph_Driver** 是 ST 公司所根據 Cortex-M0 設計外設功能的驅動函式。

◆ **Project**：開啟 Keil5 創建專案時所選擇的資料夾，這樣創建專案所產生的附資料夾都會在這裡面，降低創建專案後的混亂感。

◆ **User**：主要是放是使用者所撰寫的程式，或者是撰寫特定 IC 驅動程式等等。

接著再仔細說明這些個別文件需要放什麼標準庫的資料、以及這些資料在哪些路徑，當初筆者在自學時也碰了不少壁走了許多彎路才有今天的這些筆記，希望讀者可以好好珍惜這份類似筆記的整理。

Libraries

Libraries 裡有兩個資料夾—CMSIS 和 STM32F030_StdPeriph_Driver。CMSIS 需要放置關於 M0 內核相關文件，和 ST 所設計 MCU 初始化系統設定的函式和啟動檔案，CMSIS 點開會看到這些檔案如下圖：

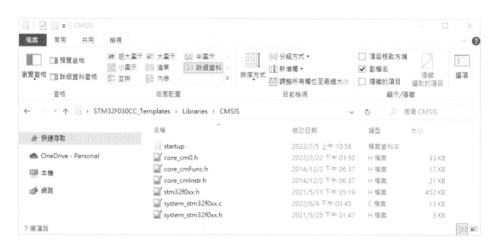

這裡面還有個資料夾為 startup，是用來放 stm32f030cc 這顆 IC 的啟動檔案，這個檔案在上一章暫存器開發的時候有用到，暫存器開發時我們只用到啟動檔，然後自己撰寫了 main.c 和 stm32f0xx.h，在這一節我們不需要再慢慢查每個功能的暫存器的位置，官方的標準庫都定義好了，只要輸入特定的名稱和使用相應的函式就可以開啟某些功能，標準庫大大節省開發時間。

Core-cm 開頭的檔案有三個，這些是關於 m0 內核的外設檔案，主要是 core_cm0.h 這是 M0 核心外設功能的.h 檔，裡面定義了關於核心的功能函式這與 STM 無關，之後我們會用到這裡面的 SysTick 這內核滴答計時器的功能來做精準的 Delay 函式，接下來說這些檔案個別在標準庫包的哪個路徑。

startup 裡所放的啟動檔路徑：en.stm32f0_stdperiph_lib\STM32F0xx_StdPeriph_Lib_V1.6.0\Libraries\CMSIS\Device\ST\STM32F0xx\Source\Templates\arm，在這路徑下有許多個啟動檔：

我們使用 smt32f030cc 這顆的 MCU，所以選擇 startup_stm32f030xc.s 這個啟動檔放到前面創建的 startup 的資料夾內。再來是 core_cm0.h、core_cmFunc 和 core_cmInstr.h，這三個 M0 標準文件在同一個路徑底下：en.stm32f0_stdperiph_lib\STM32F0xx_StdPeriph_Lib_V1.6.0\Libraries\CMSIS\Include。

這路徑底下有需多內核的 .h 檔，這邊選擇我們目前用的 M0 內核的檔案 core_cm0.h，還有包含另外兩個 core_cmFunc.h 和 core_cmInstr.h。會包含這兩個是因為 core_cm0.h 這個標頭檔案裡有 include 以上這兩個檔案，所以將 core_cm0.h、core_cmFunc.h 和 core_cmInstr.h 這三個複製到所創建的資料夾 STM32F030CC_Templates\Libraries\CMSIS 的底下。

再來是 stm32f0xx.h 和 system_stm32f0xx.h 這兩個檔案，路徑為 en.stm32f0_ stdperiph_lib\STM32F0xx_StdPeriph_Lib_V1.6.0\Libraries\CMSIS\Device\ST\ STM32F0xx\Include。

上圖這 stm32f0xx.h 是定義好所有 STM32F0 系列的 MCU 暫存器映射，將這兩個檔案複製到 STM32F030CC_Templates\Libraries\CMSIS 底下。

system_stm32f0xx.c 的路徑在 en.stm32f0_stdperiph_lib\STM32F0xx_StdPeriph_ Lib_V1.6.0\Libraries\CMSIS\Device\ST\STM32F0xx\Source\Templates。

system_stm32f0xx.c 也一樣複製到 STM32F030CC_Templates\Libraries\CMSIS 底下，完成後 CMSIS 底下目錄會有如下圖的檔案：

這樣 CMSIS 的資料夾就完成了，回到上層 Libraries 會看到還有另一個資料夾 STM32F030_StdPeriph_Driver：

上圖這兩個資料夾為 STM32 外設功能的驅動函式，在標準庫資料夾的路徑是：en.stm32f0_stdperiph_lib\STM32F0xx_StdPeriph_Lib_V1.6.0\Libraries\STM32F0xx_StdPeriph_Driver，目錄底下會看到 inc 和 src 這兩個資料夾，這兩個別方 .c 和 .h 檔，將這兩個資料夾一起複製到 STM32F030CC_Templates\Libraries\STM32F030_StdPeriph_Driver 下，到這裡所創建的 STM32F030CC_Templates 的 Libraries 資料夾，接著是 User 資料夾，需要以下這些檔案：

上圖這些檔案的路徑是在標準庫包的 en.stm32f0_stdperiph_lib\STM32F0xx_
StdPeriph_Lib_V1.6.0\Projects\STM32F0xx_StdPeriph_Templates。

選擇幾個文件是根據官方提供的，main.c 會 include "main.h"，則 main.h
會引入所需要的標頭檔也有引入 stm32f0xx_conf.h，則 stm32f0xx_it.c、
stm32f0xx_it.h 主要是來存放中斷所執行的功能函式，這之後會有範例
做詳解。這些檔案可以逐一打開看看，裡面都有詳細的英文說明它們的
用處和一些相關資訊。將①main.c、②main.h、③stm32f0xx_conf.h、
④stm32f0xx_it.c、⑤stm32f0xx_it.h 五個檔案複製到 User 資料夾底下。

以上完成了標準庫的資料夾建立，打開 Keil5 點選上方選單的 Project＞
New µVision Project...。

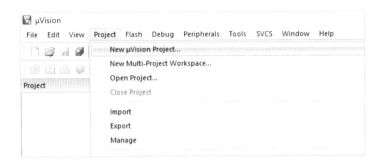

點選後會跳出存檔選擇位置的視窗，選擇剛剛所創建的 STM32F030CC_
Templates 底下的 Project，要注意 STM32F030CC_Templates 資料夾不
要放在中文路徑。筆者是建立在桌面上，路徑是 C:\Users\(UserName)\
Desktop\STM32F030CC_Templates\Project，專案名稱取 stm32f030cc_
Templates。

點選右下角的「存檔」後，會跳出一個讓使用者選擇 MCU 的視窗，如下圖。

點選 STMicroelectronics 左邊的加號打開選單，會跳出你日前有下載的 MCU 型號的選項：

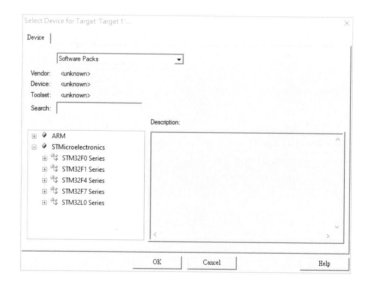

假如這邊沒出現你所使用的 MCU 型號，那就需要再去下載對應的 MCU 型號驅動包，下載方法在 **2.4** 節。選擇 STM32F0 Series＞STM32F030＞STM32F030CC＞STM32F030CC，點選反白後按「OK」。

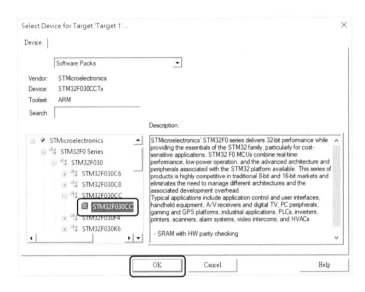

點選「OK」後會跳出一個視窗，詢問你要不要建立開發環境並幫你建好需要的檔案，這邊選擇「Cancel」，因為我們剛剛已經手動建立好了。

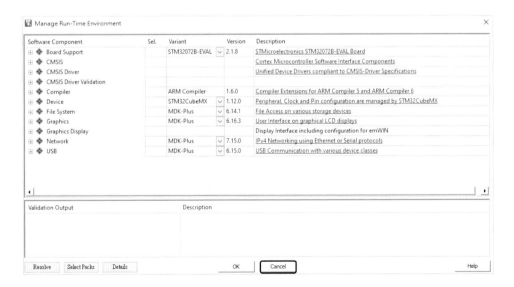

點選後 Keil5 介面如下。左半邊 Project 空空的這部分主要設定專案的目錄，需要把剛剛所複製的檔案一一添加進來，在前新增前先確認環境設定是否正確，前面 2.4 節暫存器開發的時候有介紹。

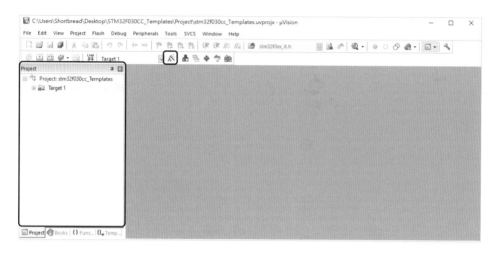

首先將 Target 1 改成你想為這專案取的名稱，對 Target 1 慢慢點兩下就可以更改名稱，改完後再點開 Target 1 左邊的加號，會打開底下的資料夾如右：

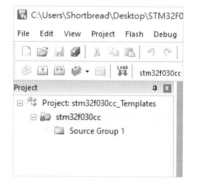

底下資料夾會有個 Source Group 1，資料夾可以讓使用者自行分類，也可全部新增在 Source Group 1 底下，但有個缺點是看起來相當雜亂，且專案越來越大時也不好尋找檔案。

先將 Source Group 1 更改名稱為 User，只有一個資料夾有點太少，這時要再新增個資料夾，對著 stm32f030cc 按右鍵選擇「Add Group...」來新增資料夾。

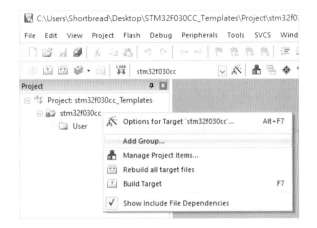

點選後會在 User 資料夾下跳出一個
New Group，一樣慢點兩下更改名稱
為 Libraries。重複上述動作再新增個
CMSIS 和 startup，新增好時如右圖：

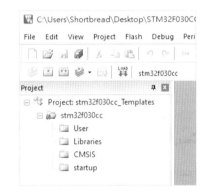

資料夾名稱	存放的資料
User	使用者所撰寫的文件都放這，例如：main.c
Libraries	STM32 外設功能的驅動文件，STM32F030_StdPeriph_Driver 的 src 所有的 .c 文件
CMSIS	CMSIS 下的所有文件 .c、.h
startup	啟動檔案所放的地方，在 CMSIS 底下的 startup

接下來需要新增前面所複製標準庫的文件至這些專案資料夾裡，不然
Keil5 不知道要編譯哪些資料。快速點擊 User 兩下後，會跳出選擇檔案的
視窗，選擇 STM32F030CC_Templates 資料夾底下的 User，在下方的檔案
類型選擇 All files(*.*)，然後選擇 main.c 和 stm32f0xx_it.c。至於其他 .h
不用的原因是等等要再去魔術棒配置讓 Keil5 知道我們的 .h 標頭檔在哪
裡。選擇好後按「Add」。

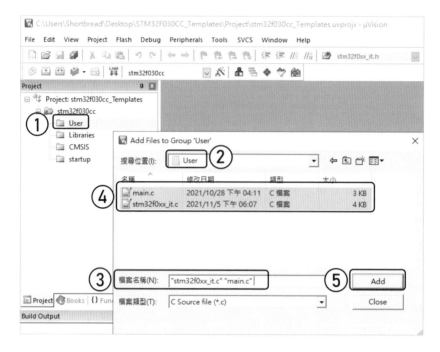

1. 快速點擊 User 兩下，進入新增檔按視窗。

2. 搜尋位置選擇 STM32F030CC_Templates\User。

3. 檔案類型可以選擇 C Source file (*.c)，只顯示出 .c 檔案。

4. 將看到 .c 全選。

5. 按 Add 做新增。

User 新增完畢後如右圖所示：

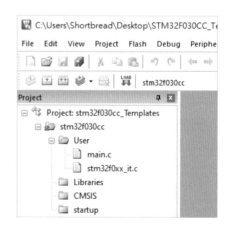

User 新增好了後，還有 Libraries、CMSIS 和 startup。Libraries 也同的方式來新增 STM32F030CC_Templates\Libraries\STM32F030_StdPeriph_Driver\src 底下所有的 C 文件；CMSIS 要新增 system_stm32f0xx.c；最後是 startup 要新增 startup_stm32f030xc.s，都新增完畢後如右圖所示：

新增完成後，再來就是設定關於編譯器和標頭文件的路徑，這一步工作相當重要，沒配置好就有可能會碰到用不了 printf 函數、編譯不過、燒入有問題…等問題。點選上方的「Options for Target...」，點選上選單「Target」，這邊需要改右半邊偏上方 Code Generation 裡的 ARM Compiler:改成 Use default compiler version 5，然後勾選 Use MicroLIB。

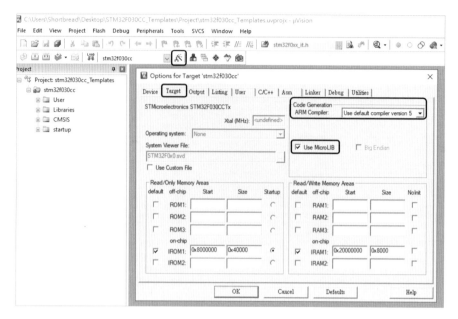

選擇 Use MicroLIB 是因為之後使用 uart 功能時可以使用 printf，還有再高階一點的 MCU（例如 F4），利用到浮點運算 FPU 時，若沒勾起這選項會導致編譯錯誤或其他錯誤。

上方選單選擇 Output，把 Create HEX File 的選項打勾，選擇的用意是每次編譯都會重新產生對應的 16 進制檔案，此輸出檔案等於使用者所撰寫的程式，使用這個檔案再給別人做燒入時，別人就不會知道你具體程式長什麼樣子，.hex 檔可用 STM32 ST-LINK Utility 或 STM32 ST-LINK Utility 來燒入至 MCU。

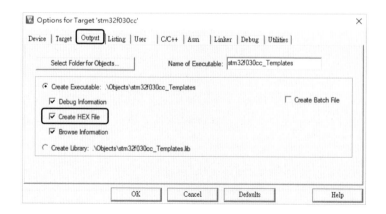

接著是最重要的部分。切到 C/C++ 上半的 Define 要打上這行：
USE_STDPERIPH_DRIVER,STM32F030xC，要注意這兩個 Define 中間有
個小逗號做分隔，這是要使用這兩個 ifdef，如下圖：

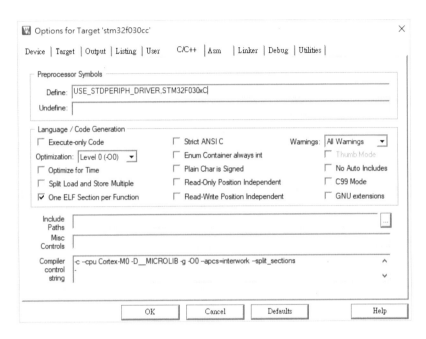

USE_STDPERIPH_DRIVER 和 STM32F030xC 這兩個定義都在 stm32f0xx.h
這裡，點開我們所創的資料夾路徑：STM32F030CC_Templates\Libraries\
CMSIS 底下，用記事本開啟 stm32f0xx.h，筆者習慣用 Notepad++ 來開啟關
於程式碼的檔案，有幫程式語言用顏色區分也有行數，支援相當多程式語
言，打開後看到 61~73 行的部分：

```
61  ⌐#if !defined (STM32F030) && !defined (STM32F031) && !defined (STM32F051) && \
62      !defined (STM32F072) && !defined (STM32F042) && !defined (STM32F091) && \
63      !defined (STM32F070xB) && !defined (STM32F070x6) && !defined (STM32F030xC)
64    /* #define STM32F030 */
65    /* #define STM32F031 */
66    /* #define STM32F051 */
67    /* #define STM32F072 */
68    /* #define STM32F070xB */
69    /* #define STM32F042 */
70    /* #define STM32F070x6 */
71    /* #define STM32F091 */
72    /* #define STM32F030xC */
73  └#endif /* STM32F030 || STM32F031 || STM32F051 || STM32F072 || STM32F042 || STM32F091 ||
74          STM32F070xB || STM32F070x6 || STM32F030xC */
```

在魔術棒配置 C/C++ 裡的 Define 裡打上 STM32F030xC 的原因就是在這，因為 stm32f0xx.h 的標頭檔包含 STM32F0 所有 MCU 的暫存器定義，所以就根據我們使用的去做定義使用，這樣就不會使用到其他顆 MCU 的暫存器定義了，快速滑過整段程式可以發現同一個名稱暫存器有許多 MCU 型號的暫存器定義，我們看到 5683~5685 行：

```
5683  #ifdef USE_STDPERIPH_DRIVER
5684    #include "stm32f0xx_conf.h"
5685  #endif
```

這三行表示 Define USE_STDPERIPH_DRIVER 會執行 #include "stm32f0xx_conf.h" 這行程式，stm32f0xx_conf.h 開啟後可以看到它引入了許多 STM32 標準庫外設驅動程式，在 Define 打上 USE_STDPERIPH_DRIVER 和 STM32F030xC 這兩行的用意在此。

回到魔術棒設定的 C/C++ 的部分，我們還有一個最重要的東西沒設定，那就是標頭檔 .h 的來源：

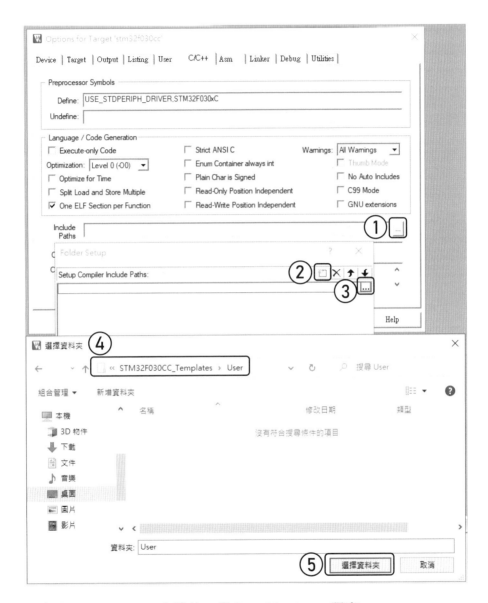

1. 點選 Include Pathsu 右邊的...進入 Folder Setup 視窗。

2. 點選這資料夾圖式後，下方會出現...的新增圖式。

3. 點選...點圖式後，會再跳出選擇資料夾視窗。

4. 選擇創建專案 STM32F030CC_Templates 下的 User 資料夾。

5. 選擇好後按「選擇資料夾」。

上步驟做完後 Folder Setup 視窗如下：

空白處多了 ..\User，以上這步驟主要是在告訴 Keil5 標頭檔 .h 在哪裡，所以要將所有的 .h 檔的路徑都包含上來，都設定完後的路徑會如下圖。

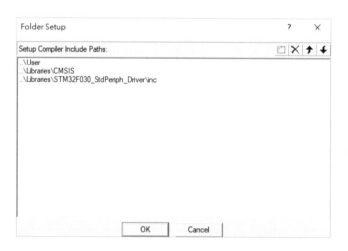

新增 \Libraries\CMSIS 和 \Libraries\STM32F030_StdPeriph_Driver\inc 路徑後就完成了，按「OK」。再來是 Debug 的部分，需要設定使用燒入器的方式：

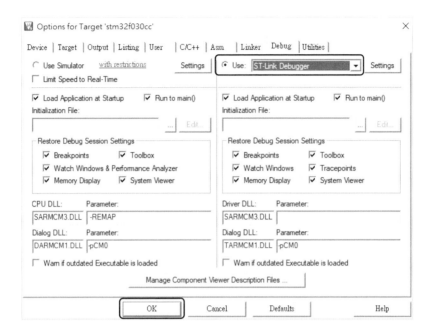

前面一章在製作開發版的介紹時候有提到 ST-link V2 是電子零件行常見的燒入器，切到 Debug 後有個下拉選單，選擇 ST-Link Debugger 後按「OK」會跳出此視窗，這樣就完成設定了，接下來就是先編譯看看有沒有錯誤。編譯點選左邊數來第三個 Rebuild（兩個箭頭向下的那個），如下圖。

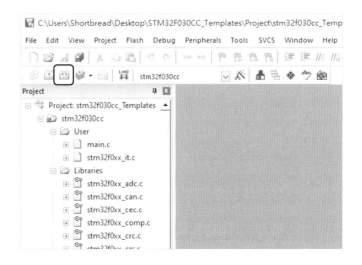

點選框框部分後就會開始編譯，在整個 Keil5 視窗的底部有 Build Output 可以看到這邊的狀況有沒 Error 或 Warning、程式所佔的容量大小，如下圖所示。

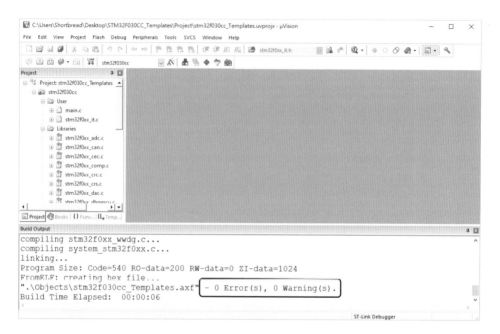

到這邊有照上述步驟建立開發環境，理論上會 0 錯誤跟 0 警告，假設讀者用其他 MCU 方法，檔案可能有多或有少，有錯的話，將錯誤訊息直接 Google 通常可以找到解法，有不少新手會在建立環境這個環節碰到不少問題，筆者這邊有個小建議可以參考：將此樣板先存起來後壓縮備份，後面要練習其他 STM32 的外設功能時，直接開啟此專案新增即可，就不用每次都大費周章新建環境，這樣標準庫開發的外設各個功能都會將專案分開來，會將這樣版複製後再修改資料夾名，例如：STM32F030CC_Templates 改成 STM32F030CC_UART_Templates，這樣就很清楚這個模板是什麼 STM32 外設功能了。

下一節直接開始用標準庫開發了一樣，先點亮個 LED。

3.3 GPIO 輸出範例

前一節做好標準庫開發的樣板就可以來玩外設功能，先從最基本的控制 GPIO 的 High、Low 開始。本章節要先準備一片開發板，這邊會先以筆者自己做的開發板 F030 為例，至於點亮 LED 用哪塊開發板都可以，讀者可以試著自己練習用此範例去移植到其他的 MCU，自己移植成功的話，提升韌體的能力也會有很大的進步。

先將上一節所建好的標準庫開發環境（資料夾名：STM32F030CC_Templates）複製一份到桌面，複製完成後將資料夾名稱 STM32F030CC_Templates 改為 STM32F030CC_GPIO_LED，這邊檔名取個比較好理解的，為了把 STM32 外設功能建立各個專案分清楚。修改名稱後打開子資料的 User，並在這裡面新增資料夾，名為 LED：

這個 LED 資料夾底下需要再創建個 led.c 和 led.h，這兩個是等等要來寫初始化函式的地方，網路有些人在做教學習慣將所有程式打 main.c，筆者不建議初學者這樣做，因為不僅看起來混亂、遇到錯誤也不容易排除，新增完成如下：

STM32 韌體開發實戰（標準庫）

新增好就可以打開專案來使用標準庫開發 STM32 了，將專案路徑在：
STM32F030CC_GPIO_LED\Project 底下的 stm32f030cc_Templates.uvprojx，
點開後：

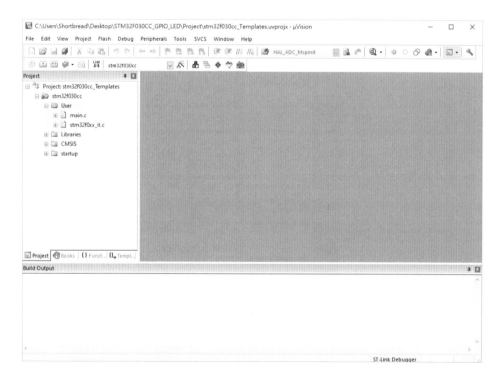

可以看到左邊的目錄的 User 是沒有包含剛剛所創建的 led.c，和之前新增的方法一樣，快速點擊 User 兩下後跳出選擇資料夾的視窗：

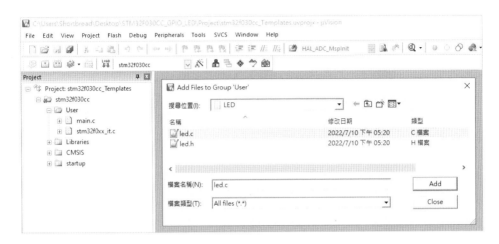

點選 led.c 後，按 Add 新增至專案下的 User，新增完後也要先指定標頭檔的位置。和前面建立模板一樣，點選配置的魔術棒進入後，在上方表單選擇 C/C++：

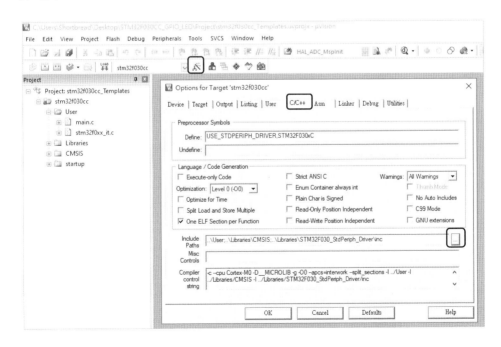

點擊 ⬚ 框框後一樣新增:..\STM32F030CC_GPIO_LED\User\LED。

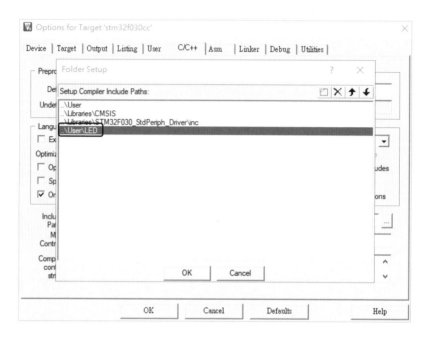

因為 LED 資料夾底下有引入這個路徑讓 Keil5 知道標頭檔 .h 在哪，之後其他外設功能也都需要做這個步驟，後面就不再贅述。設定路徑完成後按「OK」，再點選左半邊專案目錄的 led.c 兩下，輸入 #include "led.h"。

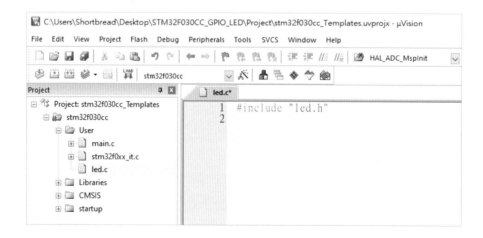

這時左邊的 led.c 沒有加號，可以看到 led.c 有引入 led.h，這時候按一下專案目錄上的編譯按鈕後就會出現了。

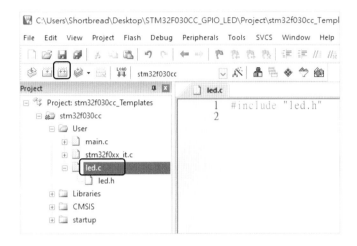

編譯後看到 led.h 就可以開始先對這 led.h 做撰寫先訂一些簡單的目標，目標是開啟兩個 GPIO 口的輸出模式來亮滅 LED，筆者決定將 PB12 和 PB13 來做交替 High、Low，且這程式需要有較好的修改性和可讀性，為了這兩點之後的範例都會做一些常數的定義，例如 #define A B 這是關於 C 語言的定義常數，這樣的意思是指打上 A 會等於 B，之後想修改別的 IO 口來亮滅 LED，只需要修改 led.h 的定義 B 就好，這樣就不用去修改 led.c 裡面的執行函式。

led.h

```
 1 #ifndef _LED_H
 2 #define _LED_H
 3
 4 #include "stm32f0xx.h"
 5
 6 /* 自定義常數 */
 7 #define LED1_PIN        GPIO_Pin_12
 8 #define LED1_GPIO_PORT  GPIOB
 9 #define LED1_GPIO_RCC   RCC_AHBPeriph_GPIOB
10
11 #define LED2_PIN        GPIO_Pin_13
12 #define LED2_GPIO_PORT  GPIOB
13 #define LED2_GPIO_RCC   RCC_AHBPeriph_GPIOB
14
15 void LED_GPIO_Config (void);  /* 宣告led.c有這功能函示 */
16
17 #endif  /*_LED_H*/
18
```

1、2 和 17 行這個 #ifdef _LED_H、#defibe _LED_H 和最後的 #endif，這是 C 語言的前置處理的條件式編譯，用途是防止重複引用 #include "led.h"。第 4 行引入 stm32f0xx.h 這標頭檔包含 MCU 整個外設的定義常數和指標，7 到 9 行的 GPIO_Pin_12、GPIOB 和 RCC_AHBPeriph_GPIOB 這三個的定義常數是在 stm32f0xx.h 裡面，快速移動到對應的位置方法，是將滑鼠對著要指定的目標、或全選目標後，按右鍵會跳出一個選單，例如對 RCC_AHBPeriph_GPIOB 這行按右鍵會跳出下圖選單。

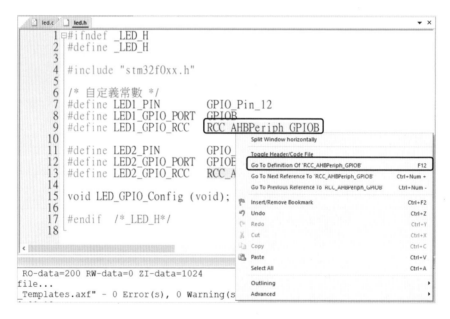

點選 Go To Definition Of 'RCC_AHBPeriph_GPIOB' 這時會跳到這個的對應位置，在此建議新手一定要每個都看看對應的文件在哪，嘗試自己思考為什麼是在這個地方，然後再去思考這個地方還有什麼相關參數可以使用。筆者也是這樣學習過來的，先看看現有的範例程式，然後再比對自己 MCU 有沒有相同的性質，這樣多練習幾次後會進步很快。點選 Go To Definition Of 'RCC_AHBPeriph_GPIOB' 會跳到下圖這裡：

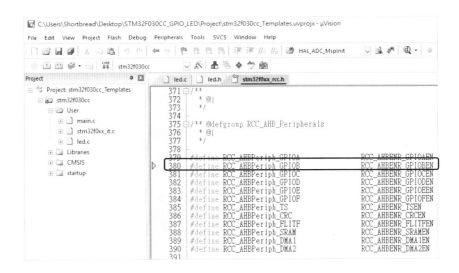

這時候會進到 stm32f0xx_rcc.h，跳到 380 行這 RCC_AHBPeriph_GPIOB
會等於 RCC_AHBENR_GPIOBEN，一樣的方法再對著要查看的參數按滑
鼠右鍵 Go to，進到對應的位置：

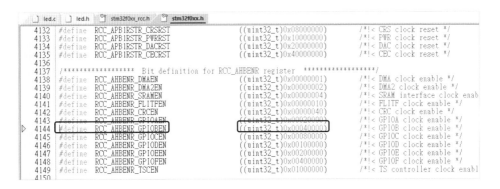

看到這對最後的定義常數，再回到前面的 led.h 第 9 行的
LED1_GPIO_RCC，這個會等於 0x0004 0000，那這邊的 0x0004 0000 是
代表什麼？關於這部分要打開參考手冊的 7.4.6 節 AHB peripheral clock。

RM0360   Reset and clock control (RCC)

7.4.6   AHB peripheral clock enable register (RCC_AHBENR)

Address offset: 0x14

Reset value: 0x0000 0014

Access: no wait state, word, half-word and byte access

Note: *When the peripheral clock is not active, the peripheral register values may not be readable by software and the returned value is always 0x0.*

31	30	29	28	27	26	25	24	23	22	21	20	19	18	17	16
Res.	Res.	Res.	Res.	Res.	Res.	Res.	Res.	Res.	IOPF EN	Res.	IOPD EN	IOPC EN	IOPB EN	IOPA EN	Res.
									rw		rw	rw	rw	rw	

15	14	13	12	11	10	9	8	7	6	5	4	3	2	1	0
Res.	Res.	Res.	Res.	Res.	Res.	Res.	Res.	Res.	CRC EN	Res.	FLITF EN	Res.	SRAM EN	Res.	DMA EN
									rw		rw		rw		rw

Bits 31:23   Reserved, must be kept at reset value.

Bit 22   **IOPFEN:** I/O port F clock enable
Set and cleared by software.
0: I/O port F clock disabled
1: I/O port F clock enabled

Bit 21   Reserved, must be kept at reset value.

Bit 20   **IOPDEN:** I/O port D clock enable
Set and cleared by software.
0: I/O port D clock disabled
1: I/O port D clock enabled

Bit 19   **IOPCEN:** I/O port C clock enable
Set and cleared by software.
0: I/O port C clock disabled
1: I/O port C clock enabled

Bit 18   **IOPBEN:** I/O port B clock enable
Set and cleared by software.
0: I/O port B clock disabled
1: I/O port B clock enabled

0x0004 0000 為 16 進制轉換 2 進制，等於 0000 0000 0000 0100 0000 0000 0000 0000，可以打開 Windows 的小算盤切到程式設計人員來查看，上面的二進制總共為 32 位，那個 1 的位置是由右往左在第 18 格。這邊要注意第一格算是 0，0x4 0000 是對應到這個 RCC_AHBENR 暫存器第 18 bit 為 IOBEN，再看到下方 IO 口說明給 1 是開啟 GPIOB 的時鐘，這樣就能理解為什麼要使用標準庫了吧？減去開發者花大量時間去查找暫存器和出錯的機率。這邊就舉一個範例，其他的就由讀者自行深入學習，這一步能打好

嵌入式開發的觀念，因此非常重要，這個會看了後，用其他廠家的 MCU
也是一樣道理。再來是 17 行的 void LED_GPIO_Config (void); 先打好，
我們等等要寫在 led.h 的函數宣告，這樣在其他 .c 文件引入的時候才可以
使用此函數。最後要注意程式的最後一行需要換頁符號，不能有任何文
字，不然 Keil5 會編譯出警告。

led.c

```
1
2    #include "led.h"
3
4    void LED_GPIO_Config(void)
5    {
6        GPIO_InitTypeDef GPIO_InitStruct;                        /* 定義GPIO_InitTypeDef 類型的結構 */
7
8        RCC_AHBPeriphClockCmd(RCC_AHBPeriph_GPIOB,ENABLE);       /* 開啟GPIO口B的時鐘 */
9
10       GPIO_InitStruct.GPIO_Pin   = GPIO_Pin_12|GPIO_Pin_13;    /* 選擇要使用的GPIO口引腳 */
11       GPIO_InitStruct.GPIO_Mode  = GPIO_Mode_OUT;              /* 選擇要使用的GPIO口的模式 */
12       GPIO_InitStruct.GPIO_Speed = GPIO_Speed_50MHz;           /* 選擇要使用的GPIO口的執行速度 */
13       GPIO_InitStruct.GPIO_OType = GPIO_OType_OD;              /* 選擇要使用的GPIO口的型態 */
14       GPIO_InitStruct.GPIO_PuPd  = GPIO_PuPd_UP;               /* 選擇要使用的GPIO口的上拉或下拉 */
15
16       GPIO_Init(GPIOB,&GPIO_InitStruct);   /*最後調用庫函示GPIO初始化示，
17                                              使用上面配置的GPIO_InitStruct初始化的GPIO*/
18    }
19
```

這裡會用到 C 語言的結構體，第 6 行用到 GPIO_InitTyoeDef 這結構體型
態，至於這型態有什麼參數？一樣也對著目標按右鍵 Go To Definition Of
'GPIO_InitTyoeDef'：

```
130   /**
131     * @brief  GPIO Init structure definition
132     */
133   typedef struct
134   {
135       uint32_t GPIO_Pin;              /*!< Specifies the GPIO pins to be configured.
136                                           This parameter can be any value of @ref GPIO_pins_define */
137
138       GPIOMode_TypeDef GPIO_Mode;     /*!< Specifies the operating mode for the selected pins.
139                                           This parameter can be a value of @ref GPIOMode_TypeDef   */
140
141       GPIOSpeed_TypeDef GPIO_Speed;   /*!< Specifies the speed for the selected pins.
142                                           This parameter can be a value of @ref GPIOSpeed_TypeDef  */
143
144       GPIOOType_TypeDef GPIO_OType;   /*!< Specifies the operating output type for the selected pins.
145                                           This parameter can be a value of @ref GPIOOType_TypeDef  */
146
147       GPIOPuPd_TypeDef GPIO_PuPd;     /*!< Specifies the operating Pull-up/Pull down for the selected pins.
148                                           This parameter can be a value of @ref GPIOPuPd_TypeDef   */
149   }GPIO_InitTypeDef;
```

跳到上圖這裡的 GPIO_Init 結構體定義，這些代表你能對 GPIO 做這些設
定：Pin 是哪隻、Mode 要設置成什麼模式、Speed 速度、OType 輸出的型
態推拉還是開漏、最後 PuPd 要上拉還是下拉。不管哪個 MCU 的標準庫都

會有這個 GPIO_InitTypeDef，這些結構體能配置哪些參數？能去哪裡看到？在這 GPIO_InitTypeDef 這個結構體函式對著想看的函式 Go to 進去，這邊以 GPIOMode_TypeDef 為例：

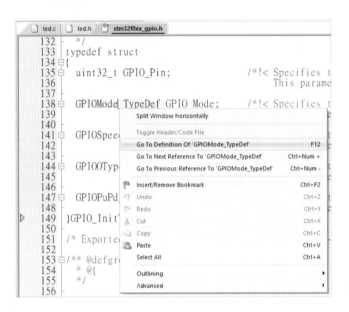

對著 GPIOMode_TypeDef 定義結構體進去後會出現如下圖，可以指定為以下 4 種模式—輸入、輸出、復用輸出和類比輸入：

```
       led.c      led.h     stm32f0xx_gpio.h
  47                                       ((PERIPH) == GPIOF))
  48
  49  #define IS_GPIO_LIST_PERIPH(PERIPH) (((PERIPH) == GPIOA) || \
  50                                       ((PERIPH) == GPIOB))
  51
  52  /** @defgroup Configuration_Mode_enumeration
  53   * @{
  54   */
  55  typedef enum
  56  {
  57    GPIO_Mode_IN  = 0x00, /*!< GPIO Input Mode              */
  58    GPIO_Mode_OUT = 0x01, /*!< GPIO Output Mode             */
  59    GPIO_Mode_AF  = 0x02, /*!< GPIO Alternate function Mode */
  60    GPIO_Mode_AN  = 0x03  /*!< GPIO Analog In/Out Mode      */
  61  }GPIOMode_TypeDef;
```

其他初始化結構體能定義的參數就請讀者自己細讀，同樣步驟不再贅述。
再回來看到 led.c 這個文件：

```
     led.c      led.h      stm32f0xx_gpio.h

 1
 2   #include "led.h"
 3
 4   void LED_GPIO_Config(void)
 5 ▢ {
 6      GPIO_InitTypeDef GPIO_InitStruct;                        /* 定義GPIO_InitTypeDef 類型的結構 */
 7
 8      RCC_AHBPeriphClockCmd(RCC_AHBPeriph_GPIOB,ENABLE);       /* 開啟GPIO口B的時鐘 */
 9
10      GPIO_InitStruct.GPIO_Pin   = GPIO_Pin_12|GPIO_Pin_13;   /* 選擇要使用的GPIO口引腳 */
11      GPIO_InitStruct.GPIO_Mode  = GPIO_Mode_OUT;             /* 選擇要使用的GPIO口的模式 */
12      GPIO_InitStruct.GPIO_Speed = GPIO_Speed_50MHz;          /* 選擇要使用的GPIO口的執行速度 */
13      GPIO_InitStruct.GPIO_OType = GPIO_OType_OD;             /* 選擇要使用的GPIO口的型態 */
14      GPIO_InitStruct.GPIO_PuPd  = GPIO_PuPd_UP;              /* 選擇要使用的GPIO口的上拉或下拉 */
15
16 ▢    GPIO_Init(GPIOB,&GPIO_InitStruct);                      /*最後調用庫函示GPIO初始化函示，
17                                                                使用上面配置的GPIO_InitStruct初始化的GPIO*/
18   }
19
```

第 8 行先開啟要使用的 GPIO 口的時鐘才能動作，用到這
RCC_AHBPeriphClockCmd 函式，也可以對著這函式按右鍵 Go to...進去看
這函式主要在做些什麼：

```
     led.c      led.h      stm32f0xx_gpio.h      stm32f0xx_rcc.c

1332      }
1333    }
1334
1335 ▢/**
1336    * @brief  Enables or disables the AHB peripheral clock.
1337    * @note   After reset, the peripheral clock (used for registers read/write access)
1338    *         is disabled and the application software has to enable this clock before
1339    *         using it.
1340    * @param  RCC_AHBPeriph: specifies the AHB peripheral to gates its clock.
1341    *         This parameter can be any combination of the following values:
1342    *           @arg RCC_AHBPeriph_GPIOA: GPIOA clock
1343    *           @arg RCC_AHBPeriph_GPIOB: GPIOB clock
1344    *           @arg RCC_AHBPeriph_GPIOC: GPIOC clock
1345    *           @arg RCC_AHBPeriph_GPIOD: GPIOD clock
1346    *           @arg RCC_AHBPeriph_GPIOE: GPIOE clock, applicable only for STM32F072 devices
1347    *           @arg RCC_AHBPeriph_GPIOF: GPIOF clock
1348    *           @arg RCC_AHBPeriph_TS:    TS clock
1349    *           @arg RCC_AHBPeriph_CRC:   CRC clock
1350    *           @arg RCC_AHBPeriph_FLITF: (has effect only when the Flash memory is in power down mode)
1351    *           @arg RCC_AHBPeriph_SRAM:  SRAM clock
1352    *           @arg RCC_AHBPeriph_DMA1:  DMA1 clock
1353    *           @arg RCC_AHBPeriph_DMA2:  DMA2 clock
1354    * @param  NewState: new state of the specified peripheral clock.
1355    *           This parameter can be: ENABLE or DISABLE.
1356    * @retval None
1357    */
1358 ▷ void RCC_AHBPeriphClockCmd(uint32_t RCC_AHBPeriph, FunctionalState NewState)
1359 ▢{
1360      /* Check the parameters */
1361      assert_param(IS_RCC_AHB_PERIPH(RCC_AHBPeriph));
1362      assert_param(IS_FUNCTIONAL_STATE(NewState));
1363
1364      if (NewState != DISABLE)
1365 ▢    {
1366        RCC->AHBENR |= RCC_AHBPeriph;
1367      }
1368      else
1369 ▢    {
1370        RCC->AHBENR &= ~RCC_AHBPeriph;
1371      }
1372    }
```

上圖看到這函式也是在做暫存器的位移，函數上方有官方寫好的完整說明，想了解這個函式的作用和可以配置的參數可查看上方說明。再回到led.c 的第 10~14 行則開始設定 GPIO 初始化結構體的參數，10 行將GPIO_Pin=GPIO_Pin_12｜GPIO_Pin_13，這邊我想要使用 12 和 13 這兩隻腳，要一次配置更多就再加上｜（位元 OR）的符號，配置為輸出模式速度 50 MHz，開漏輸出並上拉配置完後，再使用這個 GPIO_Init 這函數來對 GPIO 最後的初始化設定。設定完成後就可以打開 main.c 來撰寫 LED亮滅程式了，滑鼠對著左半邊 Project 的清單連點兩下 User 下的 main.c：

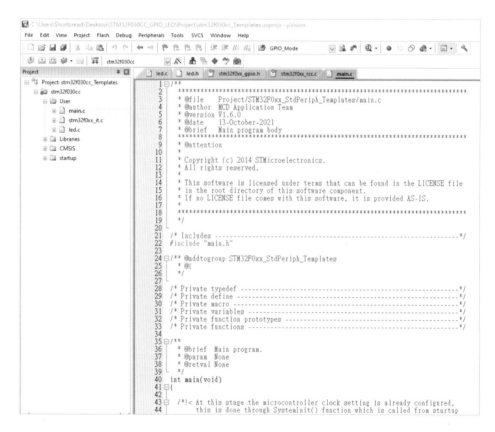

每個文件都會有類似這些檔案位置、聲明、版本紀錄和最後更新日期等等，這些註解之後都會先刪掉，整理過後的 main.c 如下：

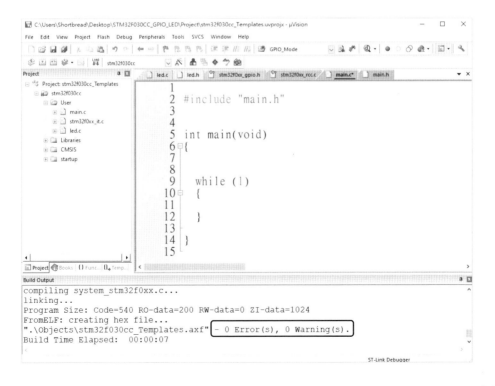

留下原本的 #include "main.h"，這個 main.h 裡有引入其他外設標準庫驅動文件，主函式 int main(void) 裡面留下個 while(1) 迴圈來執行任務，刪掉後記得編譯一下看有沒有刪到不該刪的東西，理論上到這會 0 Error，0 Warning：

要使用的 GPIO 口已經在 led.c 裡面實現初始化設定後，接下來就可以使用這個 IO 口，GPIO 口的功能函式在官方寫好的 stm32f0xx_gpio.c 裡面。這邊我只先做簡單的 high 和 low，只需要使用到 GPIO_SetBit 和 GPIO_ResetBits 分別為置高電壓和拉低電壓，這兩個函式功能裡面在操作什麼可以看到 stm32f0xx_gpio.c 裡面，一樣也是在操作 BRR、BSRR 這兩個暫器，跟前面暫存器開發器是一樣的，請讀者自行查看。

main.c

```
main.c    led.c    led.h
1   #include "main.h"
2   #include "led.h"  /*引入使用者配置GPIO口的標頭檔*/
3
4   int main(void)
5   {
6       int i=0;
7
8       LED_GPIO_Config ();   /*使用led.c裡的GPIO口初始化函式*/
9       while (1)
10      {
11          GPIO_SetBits(LED1_GPIO_PORT,LED1_PIN);     /*將PB12的IO口拉High*/
12          GPIO_ResetBits(LED2_GPIO_PORT,LED2_PIN);   /*將PB13的IO口拉Low*/
13
14          for(i=0;i<=6000000;i++);                   /*迴圈小延時*/
15
16          GPIO_ResetBits(LED1_GPIO_PORT,LED1_PIN);   /*將PB12的IO口拉Low*/
17          GPIO_SetBits(LED2_GPIO_PORT,LED2_PIN);     /*將PB13的IO口拉High*/
18
19          for(i=0;i<=6000000;i++);
20      }
21  }
22
```

上圖為主程式 main.c，主要是讓 B12 和 PB13 交替閃爍一亮一滅，程式碼第二行為引入前面所配置 GOIO 的初始化函式的標頭檔，讓 lec.c 的函式可以拿來 main.c 使用，在第 8 行處使用前面所編寫的 LED_GPIO_Config(); 函式，這樣就可以在 While 迴圈裡編寫自己要執行的動作，目前式兩個 LED 交替閃爍，這邊 PB12 和 PB13 我接上邏輯分析儀的圖：

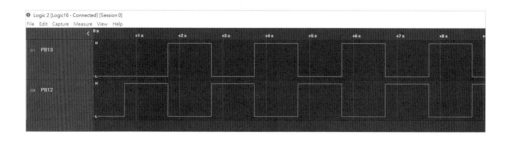

3.4 GPIO 輸入範例

這一節主要做一個輸入檢測的範例，使用 PB14 輸入高電壓時才做 PB12、PB13 的交替閃爍，根據 3.3 節的 GPIO 輸出範例專案進行修改，要編寫在 led.c、led.h 裡。

led.h

```
] main.c  ] led.c*  ] led.h*  ] stm32f0xx_gpio.h
 1  #ifndef _LED_H
 2  #define _LED_H
 3
 4  #include "stm32f0xx.h"
 5
 6  /* 自定義常數 */
 7  #define LED1_PIN        GPIO_Pin_12
 8  #define LED1_GPIO_PORT  GPIOB
 9  #define LED1_GPIO_RCC   RCC_AHBPeriph_GPIOB
10
11  #define LED2_PIN        GPIO_Pin_13
12  #define LED2_GPIO_PORT  GPIOB
13  #define LED2_GPIO_RCC   RCC_AHBPeriph_GPIOB
14
15  #define Intput_PIN      GPIO_Pin_14
16  #define Intput_PIN_PORT GPIOB
17  #define Intput_PIN_RCC  RCC_AHBPeriph_GPIOB
18
19  void LED_GPIO_Config(void);    /* 宣告led.c有這LED功能函示 */
20  void Intput_GPIO_Config(void); /* 宣告led.c有這輸入初始化函示 */
21
22  #endif  /*_LED_H*/
23
```

與上節的輸出範例差不多，新增了 15~17 行的定義，新增 20 行的輸入 GPIO 口初始化函式。

led.c

```
  1
  2   #include "led.h"
  3
  4   void LED_GPIO_Config(void)
  5 ⊟{
  6     GPIO_InitTypeDef GPIO_InitStruct;              /* 定義GPIO_InitTypeDef 類型的結構 */
  7
  8     RCC_AHBPeriphClockCmd(LED1_GPIO_RCC,ENABLE);   /* 開啟GPIO口B的時鐘 */
  9
 10     GPIO_InitStruct.GPIO_Pin   = LED1_PIN|LED2_PIN;  /* 選擇要使用的GPIO口引腳 */
 11     GPIO_InitStruct.GPIO_Mode  = GPIO_Mode_OUT;      /* 選擇要使用的GPIO口的模式 */
 12     GPIO_InitStruct.GPIO_Speed = GPIO_Speed_50MHz;   /* 選擇要使用的GPIO口的執行速度 */
 13     GPIO_InitStruct.GPIO_OType = GPIO_OType_OD;      /* 選擇要使用的GPIO口的型態 */
 14     GPIO_InitStruct.GPIO_PuPd  = GPIO_PuPd_UP;       /* 選擇要使用的GPIO口的上拉或下拉 */
 15
 16 ⊟   GPIO_Init(GPIOB,&GPIO_InitStruct);             /*最後調用庫函示GPIO初始化函示，
 17                                                       使用上面配置的GPIO_InitStruct初始化的GPIO*/
 18   }
 19
 20   void Intput_GPIO_Config(void)
 21 ⊟{
 22     GPIO_InitTypeDef GPIO_InitStruct;              /* 定義GPIO_InitTypeDef 類型的結構 */
 23     RCC_AHBPeriphClockCmd(Intput_PIN_RCC,ENABLE);  /* 開啟GPIO口B的時鐘 */
 24
 25     GPIO_InitStruct.GPIO_Pin   = Intput_PIN;         /* 選擇要使用的GPIO口引腳 */
 26     GPIO_InitStruct.GPIO_Mode  = GPIO_Mode_IN;       /* 選擇要使用的GPIO口的輸入模式 */
 27     GPIO_InitStruct.GPIO_Speed = GPIO_Speed_50MHz;   /* 選擇要使用的GPIO口的執行速度 */
 28     GPIO_InitStruct.GPIO_OType = GPIO_OType_OD;      /* 選擇要使用的GPIO口的型態 */
 29     GPIO_InitStruct.GPIO_PuPd  = GPIO_PuPd_NOPULL;   /* 選擇要使用的GPIO口的上拉或下拉 */
 30
 31 ⊟   GPIO_Init(Intput_PIN_PORT,&GPIO_InitStruct);   /*最後調用庫函示GPIO初始化函示，
 32                                                       使用上面配置的GPIO_InitStruct初始化的GPIO*/
 33   }
 34
```

led.c 新增了 Intput_GPIO_Config 這個初始化函式 20~33 行，和上面 LED_GPIO_Config 是一樣的，只差在 GOIO_MODE 要設置為 GPIO_Mode_IN; 為輸入模式，不配置 GPIO_Speed 跟 GPIO_OTyoe 這兩個也沒關係，因為這兩個參數並不影響輸入，這配置完後就可以在 main.c 呼叫此函式。再來看看 main.c 的部分：

main.c

```
 1  #include "main.h"
 2  #include "led.h" /*引入使用者配置GPIO口的標頭檔*/
 3
 4  int main(void)
 5  {
 6    int i=0;
 7
 8    LED_GPIO_Config ();    /*使用led.c裡的GPIO口輸出初始化函式*/
 9    Intput_GPIO_Config();/*使用led.c裡的GPIO口輸入初始化函式*/
10    while (1)
11    {
12      if(GPIO_ReadInputDataBit(Intput_PIN_PORT,Intput_PIN) == 1)
13      {
14        GPIO_SetBits(LED1_GPIO_PORT,LED1_PIN);    /*將PB12的IO口拉High*/
15        GPIO_ResetBits(LED2_GPIO_PORT,LED2_PIN); /*將PB13的IO口拉Low*/
16
17        for(i=0;i<=6000000;i++);                 /*迴圈小延時*/
18
19        GPIO_ResetBits(LED1_GPIO_PORT,LED1_PIN); /*將PB12的IO口拉Low*/
20        GPIO_SetBits(LED2_GPIO_PORT,LED2_PIN);    /*將PB13的IO口拉High*/
21
22        for(i=0;i<=6000000;i++);
23      }
24      else
25      {
26        GPIO_ResetBits(LED1_GPIO_PORT,LED1_PIN); /*將PB12的IO口拉Low*/
27        GPIO_ResetBits(LED2_GPIO_PORT,LED2_PIN); /*將PB13的IO口拉Low*/
28      }
29    }
30  }
31
```

利用上一小節輸出範例來新增一些小功能，這程式的功能主要是在判斷
PB14 為 High 時，PB12 和 PB13 才執行持續地 High 和 Low；反之，維持
在低電位，第 9 行為初始化函式，第 12 行有使用到官方的標準庫函式
GPIO_ReadInputDataBit，從函數名稱就可以理解是在讀取輸入資料位
元，這個函式會回傳 0 或 1，有想了解的讀者可以自行點右鍵 Go to 進去
查看，STM32 的標準庫裡面的功能函式上方都有詳盡的說明，需要什麼參
數或者會回傳什麼數值等等。判斷 PB14 為高電位後執行 14~22 行，否則
執行 26~27 行。這邊就以邏輯分析儀勾出的訊號來展示，讀者可自行接上
按鈕和 LED 來查看 PB12、PB13 的狀態。

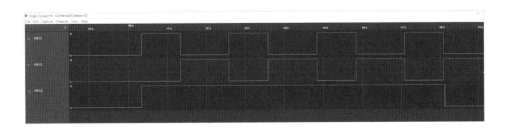

上圖由上往下看為 PB12、PB13、PB14，可以看到只有當 PB14 為高電位時，PB12 和 PB13 才有動作，這節輸入範例是利用 while(1)無窮迴圈不斷 if 判斷 PB14 的狀態，這種不斷輪詢的方式其實不恰當，當遇到更多判斷式或時序較嚴謹的專案，會導致判斷間隔拉長，大幅增加程式運行時的出錯機會，所以下一章會使用 STM32 外部中斷來替代這個方法。

標準庫函式開發 - 外設功能

上一章算是熟習一下標準庫的開發方式，這一章要來使用 STM32 豐富的外設功能。這一章無法介紹所有外設功能，只介紹比較常用功能如 EXTI、UART、I²C，這些比較適合初學者或有點嵌入式經驗、但又沒碰過 STM32 的學習者來學習，筆者希望不要帶給讀者過多的理論知識，先以如何使用外設功能的範例程式為主，期望能透過這些簡單的範例，讓讀者在用其他 MCU 也能套用本章的方法來實現同樣的功能。這章不會有像第 3 章設定魔術棒、新增 user 底下的 .c 和 .h 檔案等等的繁瑣介紹步驟。

4.1 EXTI 外部中斷

STM32 的中斷很強大，幾乎所有外設功能都可以做中斷控制，而控制 STM32 外設中斷的東西叫做 NVIC，中文叫做「嵌套向量中斷」。NVIC 是內核的外設功能，UART 可以做的中斷處理是當 MCU 接收到某項字串就馬上去執行什麼事情，還有 I²C、SPI、TIM 和 ADC 等等這些都可以做中斷的處理函式，中斷的意思是什麼？為什麼要中斷？下面用一張圖來解釋中斷的動作。

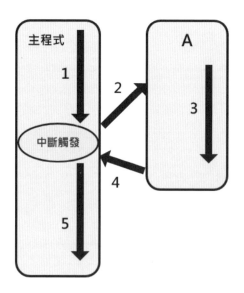

主程式執行時，由上往下執行遇到中斷事件觸發後馬上跳到 A 中斷函式，
A 函式執行完後再回到中斷點繼續執行程式。前面寫輸入範例的時候我們
是一直用輪詢，前面程式很簡單只有一個判斷，假如判斷多一點執行動作
變多時輪詢方式一定會出問題，假設中斷條件變化時間短剛好錯過，輪詢
就會偵測不到，這時候就需要中斷這功能。那 STM32 有哪些中斷可以
用？可以參考 Reference manual 第 11 章 11.1.3 Interrupts and events 的中
斷和異常向量表：

11.1.3   Interrupt and exception vectors

Table 32 is the vector table for STM32F0x0 devices. Please consider peripheral availability
on given device.

Table 32. Vector table

Position	Priority	Type of priority	Acronym	Description	Address
-	-	-	-	Reserved	0x0000 0000
-	-3	fixed	Reset	Reset	0x0000 0004
-	-2	fixed	NMI	Non maskable interrupt. The RCC Clock Security System (CSS) is linked to the NMI vector.	0x0000 0008
-	-1	fixed	HardFault	All class of fault	0x0000 000C
-	3	settable	SVCall	System service call via SWI instruction	0x0000 002C
-	5	settable	PendSV	Pendable request for system service	0x0000 0038
-	6	settable	SysTick	System tick timer	0x0000 003C
0	7	settable	WWDG	Window watchdog interrupt	0x0000 0040
1			Reserved		0x0000 0044
2	9	settable	RTC	RTC interrupts (combined EXTI lines 17, 19 and 20)	0x0000 0048

 DocID025023 Rev 4

Table 32. Vector table (continued)

Position	Priority	Type of priority	Acronym	Description	Address
3	10	settable	FLASH	Flash global interrupt	0x0000 004C
4	11	settable	RCC	RCC global interrupts	0x0000 0050
5	12	settable	EXTI0_1	EXTI Line[1:0] interrupts	0x0000 0054
6	13	settable	EXTI2_3	EXTI Line[3:2] interrupts	0x0000 0058
7	14	settable	EXTI4_15	EXTI Line[15:4] interrupts	0x0000 005C
8			Reserved		0x0000 0060
9	16	settable	DMA_CH1	DMA channel 1 interrupt	0x0000 0064
10	17	settable	DMA_CH2_3	DMA channel 2 and 3 interrupts	0x0000 0068
11	18	settable	DMA_CH4_5	DMA channel 4 and 5 interrupts	0x0000 006C
12	19	settable	ADC	ADC interrupts	0x0000 0070
13	20	settable	TIM1_BRK_UP_TRG_COM	TIM1 break, update, trigger and commutation interrupt	0x0000 0074
14	21	settable	TIM1_CC	TIM1 capture compare interrupt	0x0000 0078
15			Reserved		0x0000 007C
16	23	settable	TIM3	TIM3 global interrupt	0x0000 0080
17	24	settable	TIM6	TIM6 global interrupt	0x0000 0084
18			Reserved		0x0000 0084
19			Reserved		0x0000 0088
19	26	settable	TIM14	TIM14 global interrupt	0x0000 008C
20	27	settable	TIM15	TIM15 global interrupt	0x0000 0090
21	28	settable	TIM16	TIM16 global interrupt	0x0000 0094
22	29	settable	TIM17	TIM17 global interrupt	0x0000 0098
23	30	settable	I2C1	I^{2}C1 global interrupt	0x0000 009C
24	31	settable	I2C2	I^{2}C2 global interrupt	0x0000 00A0
25	32	settable	SPI1	SPI1 global interrupt	0x0000 00A4
26	33	settable	SPI2	SPI2 global interrupt	0x0000 00A8
27	34	settable	USART1	USART1 global interrupt	0x0000 00AC
28	35	settable	USART2	USART2 global interrupt	0x0000 00B0
29	36	settable	USART3_4_5_6	USART3, USART4, USART5, USART6 global interrupts	0x0000 00B4
30			Reserved		0x0000 00B8
31	38	settable	USB	USB global interrupt (combined with EXTI line 18)	0x0000 00BC

白底為 STM32 的外設中斷，灰色底的部分可以說是異常是屬於內核的外設功能，表格 Priority 指的是硬體的優先權，軟體也可以定義優先權順序，假設兩個不同外設功能中斷優先權設置一樣的話，就來這裡看誰的優先權數字越小優先權越大，這表格可以看到優先權最大的是 Reset（重置），這個小節就利用上一節 GPIO 輸入範例來做修改，資料夾改成

STM32F030CC_EXTI，於子資料下 User 底下再創建 EXTI 資料夾，並在創建 exti.c、exti.h 這裡面寫初始化函式，開啟專案左邊目錄要新增還有魔術棒裡要設定，忘記如何設置的可以回到第三章查看。

exit.h

```
exti.h
 1 ┌#ifndef _EXTI_H
 2 │ #define _EXTI_H
 3 │
 4 │ #include "stm32f0xx.h"
 5 │
 6 │ #define Intput_GPIO_PORT              GPIOB
 7 │ #define Intput_GPIO_CLK               RCC_AHBPeriph_GPIOB
 8 │ #define Intput_GPIO_PIN               GPIO_Pin_14
 9 │ #define Intput_EXTI_PORTSOURCE        EXTI_PortSourceGPIOB
10 │ #define Intput_EXTI_PINSOURCE         EXTI_PinSource14
11 │ #define Intput_EXTI_LINE              EXTI_Line14
12 │
13 │ void Intput_exti_Config(void);
14 │
15 │ #endif
16
```

上圖 exti.h 在 13 行宣告一個中斷功能函示，第一次接觸的讀者不會知道這標頭該做哪些定義，其實這些定義應該是在撰寫完 exit.c 完後，根據功能函示所用到的參數才來做這些定義，但筆者想說反過來說新手會比較好了解，剛接觸 STM32 的學習者建議養成良好的定義習慣，讓日後好修改也提高程式的閱讀性。

exit.c

```
exti.c
 1    #include "exti.h"
 2
 3    static void NVIC_Configuration(void)
 4  □ {
 5        NVIC_InitTypeDef NVIC_InitStructure;
 6
 7        NVIC_InitStructure.NVIC_IRQChannel = EXTI4_15_IRQn;  /*使用的中斷通道是14，F0的4~15通道是一起*/
 8        NVIC_InitStructure.NVIC_IRQChannelPriority = 1;      /*優先級設為1*/
 9        NVIC_InitStructure.NVIC_IRQChannelCmd = ENABLE;      /*中斷的通道功能開啟*/
10
11        NVIC_Init(&NVIC_InitStructure);                      /*嵌套向量中斷初始化*/
12    }
13
14    void Intput_exti_Config(void)
15  □ {
16        NVIC_Configuration();        /*呼叫中斷初始化函式*/
17        RCC_APB2PeriphClockCmd(RCC_APB2Periph_SYSCFG,ENABLE);   /*開啟SYSCFG系統時鐘，外設中斷的時鐘示使用SYSCFG*/
18
19        SYSCFG_EXTILineConfig(Intput_EXTI_PORTSOURCE,Intput_EXTI_PINSOURCE);   /*外部中斷腳位初始化*/
20
21        EXTI_InitTypeDef EXTI_InitStructure;                 /*EXTI初始化結構體定義*/
22        EXTI_InitStructure.EXTI_Line = Intput_EXTI_LINE ;    /*選擇14的GPIO口*/
23        EXTI_InitStructure.EXTI_Mode = EXTI_Mode_Interrupt;  /*模式選擇中斷*/
24        EXTI_InitStructure.EXTI_Trigger = EXTI_Trigger_Rising;/*選擇上升緣觸發中斷*/
25        EXTI_InitStructure.EXTI_LineCmd = ENABLE;            /*中斷腳位開啟*/
26
27        EXTI_Init(&EXTI_InitStructure);                      /*外部中斷初始化*/
28    }
29
```

第 3 行的開頭 static 的意思是，這個函式只能在這 exti.c 裡面做呼叫和使用，exti.h 並沒有宣告到這功能函示，而 void Intput_exti_Config(void) 這個函示是可以在其他 .c 文件做使用，這邊分兩個只是為了方便閱讀，static void NVIC_Configuration(void) 這個為內核中斷外設功能初始化，void Intput_exti_Config(void) 這函式則包含了上面的函式第 16 行，程式碼已做了詳細的註解，就不再一一介紹各個結構體的意思，有興趣的讀者可以右鍵 Go to 進去看看每個結構體的意義。

stm32f0xx_it.c

```
stm32f0xx_it.c*
19      *
20      *****************************************************************
21      */
22   /* Includes ---------------------------------------------------
23   #include "stm32f0xx_it.h"
24
25   #include "led.h"
26   #include "exti.h"
27
28   void EXTI4_15_IRQHandler(void)
29  {
30     if(EXTI_GetITStatus(Intput_EXTI_LINE) == SET)
31     {
32        int i=0;
33
34        /*判斷外部中斷是否觸發*/
35        while(GPIO_ReadInputDataBit(Intput_PIN_PORT,Intput_PIN) == 1)
36        {
37          GPIO_SetBits(LED1_GPIO_PORT,LED1_PIN);       /*將PB12的IO口拉High*/
38          GPIO_ResetBits(LED2_GPIO_PORT,LED2_PIN);     /*將PB13的IO口拉Low*/
39
40          for(i=0;i<=6000000;i++);                     /*迴圈小延時*/
41
42          GPIO_ResetBits(LED1_GPIO_PORT,LED1_PIN);     /*將PB12的IO口拉Low*/
43          GPIO_SetBits(LED2_GPIO_PORT,LED2_PIN);       /*將PB13的IO口拉High*/
44
45          for(i=0;i<=6000000;i++);
46        }
47        GPIO_ResetBits(LED1_GPIO_PORT,LED1_PIN);   /*將PB12的IO口拉Low*/
48        GPIO_ResetBits(LED2_GPIO_PORT,LED2_PIN);   /*將PB13的IO口拉Low*/
49     }
50     EXTI_ClearITPendingBit(Intput_EXTI_LINE);   /*清除中斷標誌位*/
51  }
```

上圖為官方建好的 stm32f0xx_it.c，在這新增我們要中斷執行的功能函數 void EXTI4_15_IRQHandler(void)，因要在這 stm32f0xx_it.c 使用前面定義的 LED 閃爍腳位有兩隻 PB12、PB13，一隻中斷腳位為 PB14，因為此函式有使用到標頭檔所定義的參數，所以需要 include「led.h」和「exti.h」25、26 行，而這中斷的函式式執行動作是當 PB14 為高電位時執行 PB12、PB13 交替閃爍，當 PB14 回到低電位時則將 PB12、PB13 都拉低電位，36~48 行為執行此動作函式。50 行則是將中斷標誌清除以利於離開此中斷，讓下次還可以進來，led 閃爍程式跟上節一樣，差別在於這邊是利用中斷而不是利用輪詢的方式。要特別注意這個函式命名不是隨便取的，這裡是根據 stm32f0xc 這顆 MCU 的啟動檔所決定的，點開 Keil5 左邊專案選單的 startup_stm32f030xc.s，往下滑可以看到這一小段組合語言：

```
┌─────────────────────────────────────────────────────────────┐
│ 📄 startup_stm32f030xc.s                                        │
├─────────────────────────────────────────────────────────────┤
│ 175  SysTick_Handler PROC                                      │
│ 176        EXPORT SysTick_Handler           [WEAK]             │
│ 177        B      .                                            │
│ 178        ENDP                                                │
│ 179                                                            │
│ 180  Default_Handler PROC                                      │
│ 181                                                            │
│ 182        EXPORT WWDG_IRQHandler            [WEAK]            │
│ 183        EXPORT RTC_IRQHandler             [WEAK]            │
│ 184        EXPORT FLASH_IRQHandler           [WEAK]            │
│ 185        EXPORT RCC_IRQHandler             [WEAK]            │
│ 186        EXPORT EXTI0_1_IRQHandler         [WEAK]            │
│ 187        EXPORT EXTI2_3_IRQHandler         [WEAK]            │
│ 188        EXPORT EXTI4_15_IRQHandler        [WEAK]            │
│ 189        EXPORT DMA1_Channel1_IRQHandler     [WEAK]          │
│ 190        EXPORT DMA1_Channel2_3_IRQHandler   [WEAK]          │
│ 191        EXPORT DMA1_Channel4_5_IRQHandler   [WEAK]          │
│ 192        EXPORT ADC1_IRQHandler            [WEAK]            │
│ 193        EXPORT TIM1_BRK_UP_TRG_COM_IRQHandler [WEAK]        │
│ 194        EXPORT TIM1_CC_IRQHandler         [WEAK]            │
│ 195        EXPORT TIM3_IRQHandler            [WEAK]            │
│ 196        EXPORT TIM6_IRQHandler            [WEAK]            │
│ 197        EXPORT TIM7_IRQHandler            [WEAK]            │
│ 198        EXPORT TIM14_IRQHandler           [WEAK]            │
│ 199        EXPORT TIM15_IRQHandler           [WEAK]            │
│ 200        EXPORT TIM16_IRQHandler           [WEAK]            │
│ 201        EXPORT TIM17_IRQHandler           [WEAK]            │
│ 202        EXPORT I2C1_IRQHandler            [WEAK]            │
│ 203        EXPORT I2C2_IRQHandler            [WEAK]            │
│ 204        EXPORT SPI1_IRQHandler            [WEAK]            │
│ 205        EXPORT SPI2_IRQHandler            [WEAK]            │
│ 206        EXPORT USART1_IRQHandler          [WEAK]            │
│ 207        EXPORT USART2_IRQHandler          [WEAK]            │
│ 208        EXPORT USART3_6_IRQHandler        [WEAK]            │
│ 209                                                            │
└─────────────────────────────────────────────────────────────┘
```

上圖框起處是外步中斷 EXTI 可使用的中斷函式名稱，這清楚地表示哪些
STM32 功能外設的中斷可以使用，外部中斷 EXTI 有 0~15 的通道，但 F0
這顆 MCU 只有分三個區域 0~1、2~3、4~15，我們選擇的是 PB14，所以
選擇 4~15 的中斷通道，這裡每個 MCU 的分類都不同。再來看 main.c 主
程式的部分：

main.c

```
main.c*
 1  #include "main.h"
 2  #include "led.h"
 3  #include "exti.h"
 4
 5  int main(void)
 6  {
 7    LED_GPIO_Config();      /*初始化PB12、PB13為輸出功能*/
 8    Intput_GPIO_Config();   /*初始化PB14為輸入功能*/
 9    Intput_exti_Config();   /*初始化PB14為外部中斷腳位*/
10
11    while (1)
12    {
13      /*此段不執行任何動作可以證明真的有進入中斷*/
14    }
15  }
16
```

主程式前面引入要使用函式的標頭檔後，在 int main(void) 裡打上 3 個初始化函式 7~9 行，while 迴圈沒執行任何動作讓空跑迴圈已證明可以隨時進入中斷狀態，筆者在驗證時都會以邏輯分析儀來勾取訊號來確認程式是否如預期動作，讀者可以接上 LED 至 PB12 和 PB13，然後再將按鍵一端接上 3.3 V，另一端則接上 PB14，這樣按下按鈕時可以上，但到兩顆 LED 會交替閃爍，以邏輯分析儀上的時序圖來呈現結果（檔名：4.1_EXTI.sal）：

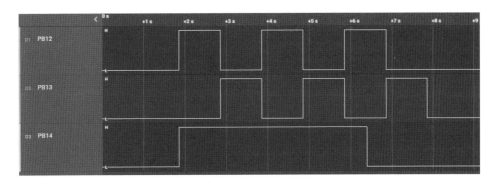

上面的時序圖可以看到 PB12、PB13、PB14 這者 IO 口的關係，當 PB14 為 High 時，PB12、PB13 會交替 High、Low，否則維持在 Low，完成一個外部中斷控制的範例。

4.2 SysTick 內核功能定時器

本節使用到內核定時器需要多一個參考資料，就是編寫程式的手冊 Programming manual，手冊編號：PM0215，官方下載網址：https://www.st.com/zh/microcontrollers-microprocessors/stm32f030cc.html#documentation

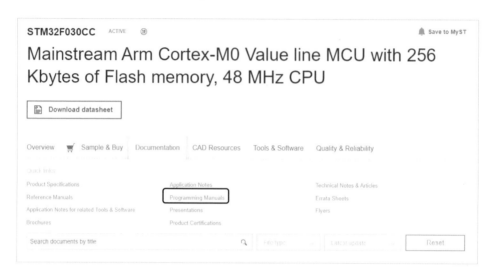

進入此頁面後點選選單的 Programming Manual 後，頁面會自動移動到下方的載點，下載內核 PDF 檔案。接著來介紹一下 M0 內核手冊裡的 SysTick 這項功能裡的暫存器大概的功用是什麼。SysTick 裡只有四個暫存器在上面所下載手冊裡的 4.4 SysTick timer（STK），打開目錄可以看到以下四個暫存器：

- ◆ STK_CSR：滴答計時器的控制開關、是否使用中斷、計數值遞減至 0 的狀態、時鐘來源。

- ◆ STK_RVR：裝置計數數值。

- ◆ STK_CVR：目前計數數值。

- ◆ STK_CAKIB：校準滴答計時器。

STK_CSR 為控制暫存器以下範例會將滴答計時器打開、來源使用外部時鐘、不使用中斷、讀取一個 bit 的狀態來判斷是否計數完。滴答計時器的運作原理是遞減至 0 才為跑完一輪，而 STK_RVR 是用來放置使用者定義的計數值有 24 bit 可設置。再來看實際程式這邊複製前面所創建 STM32F030CC_EXTI 這個專案資料夾，並修改為 STM32F030CC_SysTick，在 user 底下創建新的資料夾為 SysTick，裡面再創建 SysTick.c 和 SysTick.h，我們將會在這 c 文件編寫初始化函式和 delay 函式。創建好後開啟 Keil5 專案，要先將定義 SysTick.h 所在的位置，讓編譯器知道此標頭檔在哪，設定完後就來再點像左邊目錄選單的 user 來新增 SysTick.c 文件：

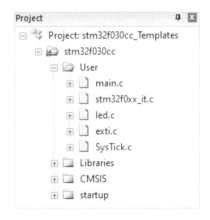

到此前置作業都完成後，就開始來撰寫 SysTick.h 和 SysTick.c。

SysTick.h

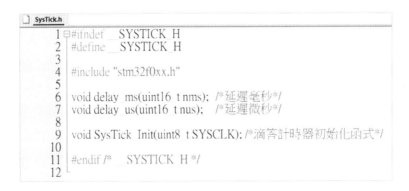

此標頭檔引入 stm32f0xx.h，這裡面有 STM32 所有功能的暫存器宣告，還有引入這個系統內核的標頭檔 core_cm0.h，位置在 stm32f0xx.h 的 472 行處：

```
stm32f0xx.h
472    #include "core_cm0.h"
473    #include "system_stm32f0xx.h"
474    #include <stdint.h>
475
```

core_cm0.h 這標頭檔裡面有滴答計時器的結構體會使用到，6~9 行為 SysTick.c 三個功能函示、兩個 Delay 函式，和一個滴答計時器初始化函式，接著看 SysTick.c 裡功能函式實現的部分：

SysTick.c

SysTick.c 將分段做解說：

```
SysTick.c*
 1    #include "SysTick.h"
 2    static uint8_t  fac_us=0;    /*宣告微秒變數*/
 3    static uint16_t fac_ms=0;    /*宣告毫秒變數*/
 4
 5    /*
 6       SysTick_Init為滴答計時器初始化函式
 7       uint8_t SYSCLK 為系統時鐘頻率
 8    */
 9    void SysTick_Init(uint8_t SYSCLK)
10    {
11        SysTick->CTRL = 0xfffffff9;        /*設定STK_CSR暫存器*/
12        fac_us=SYSCLK/8;                   /*fac_us變數為系統時鐘除8*/
13        fac_ms=(uint16_t)fac_us*1000;      /*fac_ms變數為fac_us*1000 */
14    }
15
```

先引入 SysTck.h 標頭檔後，宣告微秒和毫秒的變數用來存取系統工作頻率所改變的數值，9~14 行為滴答計時器初始化，此函數需要輸入 MCU 工作頻率，以 stm32f030 這系列 mcu 的最高工作頻率為 48 MHz，在主程式要使用這個初始化函式就需要打上 SysTick_Init(48);，輸入 SYSCLK 主要是根據使用者所用的時鐘頻率。11 行則是直接指向 SysTick_Type 這個結構體裡的指標 CTRL 暫存器賦予數值，CTRL 就是 STK_CSR 這個暫存器，可以對著 CTRL 點滑鼠右鍵後點選 Go to Definition Of `CTRL`，會進入 core_cm0.h 裡的 SysTick_Type 此結構體定義，如下圖：

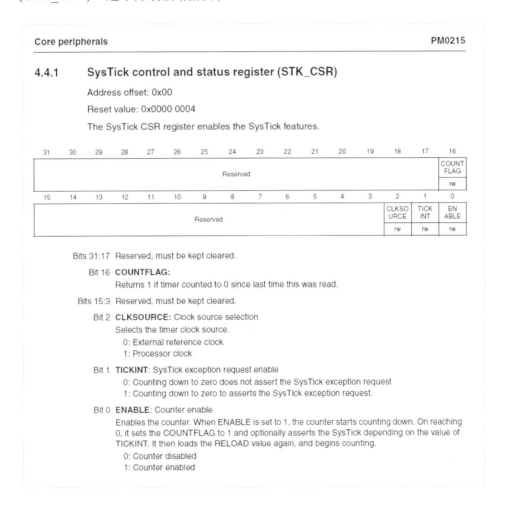

```
     SysTick.c    core_cm0.h
  409   */
  410  typedef struct
  411 ⊟{
▷ 412    __IO uint32_t CTRL;     /*!< Offset: 0x000 (R/W)  SysTick Control and Status Register */
  413    __IO uint32_t LOAD;     /*!< Offset: 0x004 (R/W)  SysTick Reload Value Register        */
  414    __IO uint32_t VAL;      /*!< Offset: 0x008 (R/W)  SysTick Current Value Register       */
  415    __I  uint32_t CALIB;    /*!< Offset: 0x00C (R/ )  SysTick Calibration Register         */
  416  } SysTick_Type;
  417 ⊟
```

412 行的 CTRL 後面的註解為 SysTick 控制和狀態寄存器,這個暫存器具體有哪些功能?如何使用?這部分要看到一開始所描述的 M0 的程式編寫手冊(PM0215),打開後跳至 4.4.1 節 SysTick control and status register (STK_CSR),這章節有詳細說明:

Core peripherals   PM0215

4.4.1 SysTick control and status register (STK_CSR)

Address offset: 0x00

Reset value: 0x0000 0004

The SysTick CSR register enables the SysTick features.

31	30	29	28	27	26	25	24	23	22	21	20	19	18	17	16
							Reserved								COUNT FLAG
															rw

15	14	13	12	11	10	9	8	7	6	5	4	3	2	1	0
					Reserved								CLKSO URCE	TICK INT	EN ABLE
													rw	rw	rw

Bits 31:17 Reserved, must be kept cleared.

Bit 16 **COUNTFLAG:**
Returns 1 if timer counted to 0 since last time this was read.

Bits 15:3 Reserved, must be kept cleared.

Bit 2 **CLKSOURCE:** Clock source selection
Selects the timer clock source.
0: External reference clock
1: Processor clock

Bit 1 **TICKINT**: SysTick exception request enable
0: Counting down to zero does not assert the SysTick exception request
1: Counting down to zero to asserts the SysTick exception request.

Bit 0 **ENABLE**: Counter enable
Enables the counter. When ENABLE is set to 1, the counter starts counting down. On reaching 0, it sets the COUNTFLAG to 1 and optionally asserts the SysTick depending on the value of TICKINT. It then loads the RELOAD value again, and begins counting.
0: Counter disabled
1: Counter enabled

這裡有說明此暫存器的功用：

◆ 0 bit 的 EBABLE 為滴答計時器功能是否為開啟的功能位。

◆ 1 bit 為滴答計數是否要使用中斷來計數。

◆ 2 bit 是為滴答計時器選擇時鐘來源有外部和內部。

◆ 16 bit 為目前滴答計時器的計數狀態，當計數值減至 0 時此位元會返回 1。

回到 SysTick.c 裡的 11 行，可以看到 CTRL 所賦予的值是 0xffff fff9，這邊所設定的功能為開啟滴答計時器、不使用中斷來計數，16 bit 的位置一來讓滴答計時器為進行計數完成的狀態，12、13 行的 fac_us 乘以 1000 會等於 fac_ms，那為何要除 8？這個部分需要看到時鐘樹，打開參考手冊（RM0360）第七章 RCC 章節的這一張圖：

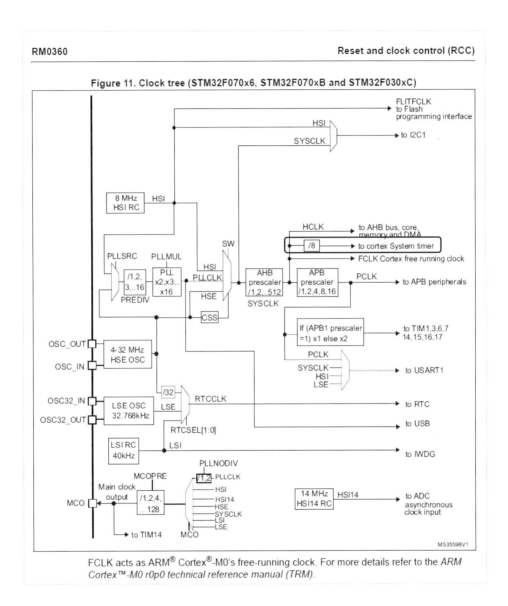

Figure 11. Clock tree (STM32F070x6, STM32F070xB and STM32F030xC)

FCLK acts as ARM® Cortex®-M0's free-running clock. For more details refer to the *ARM Cortex™-M0 r0p0 technical reference manual (TRM)*.

上圖時鐘樹框起來的地方為 SYSCLK 除 8 後的頻率供給內核的頻率，再來看看 SysTick.c 的 delay_ms 這個函式如何實現準確的延遲：

```
SysTick.c
15
16   void delay_ms(uint16_t ms)
17  {
18    uint32_t temp;   /*放置COUNTFLAG，STK_CSR的16 bit*/
19    SysTick->LOAD = (uint32_t)ms*fac_ms;   /*放置計數值到STK_RVR*/
20    SysTick->VAL =0x00;   /*先將當前計數值清空，STK_CVR暫存器*/
21    SysTick->CTRL =0x01;   /*STK_CSR暫存器將bit 0置一來開啟計數功能*/
22    do
23    {
24      temp = SysTick->CTRL; /*存取STK_CSR暫存器的16 bit的狀態*/
25    }
26    while((temp&0x01)&&(!(temp&(1<<16))));   /*判斷COUNTFLAG是否為1且是否有啟用滴答計時器*/
27
28    SysTick->CTRL = 0x00;   /*計數完成後關閉滴答計時器*/
29    SysTick->VAL = 0x00;   /*將負載計數值清空*/
30  }
31
```

18 行先宣告變數用來存放 STK_CSR 16 bit 的數值，當這數值為 1 代表計數完成，19 行指向 LOAD 這個是 STK_RVR 暫存器，前面有提到這個暫存器是用來存放計數值的，至於存放的數值是怎麼計算的？這邊舉一個簡單的範例。假設 delay 一秒的情形 LOAD=1000（毫秒）*fac_ms，fac_ms 也等於 fac_us*1000，所以可看做 LOAD–1000*1000*fac_uc，而 fac_uc 等於 48 除於 8 為 6，最後 LOAD=1000*1000*6，LOAD 為 6000000，這也是內核系統的最高工作頻率 6 MHz，可以看到前面 LED 的範例用 for 迴圈計數 6000000，也就是剛好一秒。

回到 delay_ms 函式的 21 行，給好計數值後就馬上開啟計數，開始計數後馬上進入 do while 迴圈，等待計數值 STK_CVR 到 0 時才離開 do while，判斷為 STK_CSR 暫存器的 0 bit 和 16 bit 的狀態，計數完後關閉滴答計時器和清空 STK_CVR 的數值，到這相信讀者可以理解計數值是怎麼計算而來的，同理可推 delay_us 函式就不多重複介紹了。

main.c

```
main.c
  1  #include "main.h"
  2  #include "led.h"
  3  #include "exti.h"
  4  #include "SysTick.h"
  5  int main(void)
  6  {
  7    LED_GPIO_Config();      /*初始化PB12、PB13為輸出功能*/
  8    Intput_GPIO_Config();   /*初始化PB14為輸入功能*/
  9    Intput_exti_Config();   /*初始化PB14為外部中斷腳位*/
 10
 11    SysTick_Init(48);
 12
 13    while (1)
 14    {
 15      GPIO_SetBits(LED1_GPIO_PORT,LED1_PIN);     /*將PB12的IO口拉High*/
 16      GPIO_ResetBits(LED2_GPIO_PORT,LED2_PIN);   /*將PB13的IO口拉Low*/
 17
 18      delay_ms(1000);
 19
 20      GPIO_ResetBits(LED1_GPIO_PORT,LED1_PIN);   /*將PB12的IO口拉Low*/
 21      GPIO_SetBits(LED2_GPIO_PORT,LED2_PIN);     /*將PB13的IO口拉High*/
 22
 23      delay_ms(1000);
 24    }
 25  }
 26
```

第 4 行引入 SysTick.h 後在呼叫 SysTick_Init(48); 後，就可以使用 delay_ms 這個函式，這個範例跟 led 章節的部份一樣，差在將迴圈計數換成較準確滴答計時器來做延遲，此動作讓兩個 GPIO 交替 High、Low 用邏輯分析儀做展示（檔名：4.2_Systick.sal）：

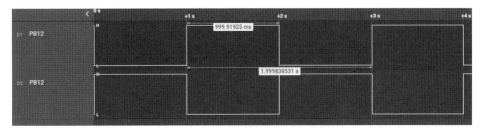

PB12 和 PB13 交替 High、Low，每隔一秒狀態進行改變。

4.3　UART（Universal Asynchronous Receiver Transmitter）

UART 中文翻譯為通用非同步接收發送，STM 系列的 MCU 也支援 USART 中文翻譯為通同步非同步接收發射，USART 只是多了可以同時發送和接收，所以會多 UART 一條時脈線來確保同步傳輸。UART 比較常用到只需兩條線且兩邊設備設定好一樣的 baud rate（中譯為「鮑率」）即可做 UART 通訊，本節介紹 UART 這個最常用的通訊協定，通常用來驗證程式是否如預期運作，會設置許多除錯斷點來了解在哪個環節出錯，這節 UART 會在之後的 I²C 通訊裡設置除錯斷點，還可以用在藍牙模組上，例如 HC-05 等等。

UART 協議

一般在使用 UART 時，最少需要 TX 和 RX 中文名稱為發送端和接收端，兩個裝置傳輸資料須要將 TX 接對方 RX，同理可知 RX 接對方 TX。STM32 的參考手冊只有對 USART 做介紹，我們在此以 st32f030xc 的參考手冊（RM0360）來做介紹，在 23.4.1 USART character description 的章節裡有張描述 USART 的時序圖：

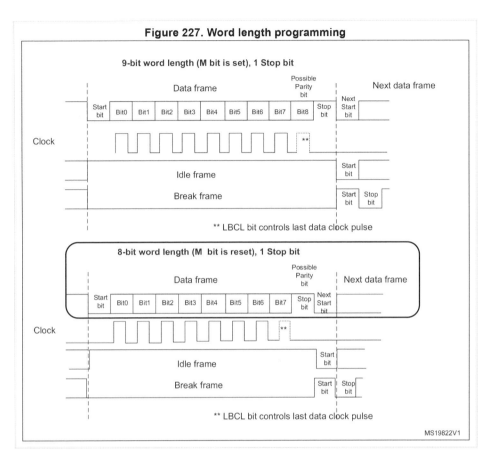

上圖是在說明 USART 傳輸的基本時序 STM32 的硬體 USART 只支援 8 bit
或 9 bit 的資料長度，8 bit 資料長度是較常使用的，框起來的部分就是
UART 傳輸的時序，起始信號＞資料 8 bit＞奇偶校驗位＞停止位，比較常
使用的是 8 bit 資料模式並關閉奇偶校驗位，比較常用 8 bit 的原因是在於
ASCII 碼為 7 bit，剩下的 1 bit 可做為其他用途（例如校驗位），沒有校驗
位的時序如下圖：

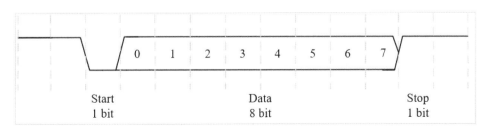

這些 High、Low 狀態維持的時間就會決定鮑率的大小，這邊就不介紹如何計算了，直接進如實際程式撰寫的部分，先將最一開始所創建的專案整個複製一份，STM32F030CC_Systick 改為 STM32F030CC_UART。首先

在 STM32F030CC_UART 專案資料夾下的子資料夾 user 下，創建 uart.c、uart.h 這兩個文件，打開 Keil5 專案後在左側專案表單新增 uart.c：

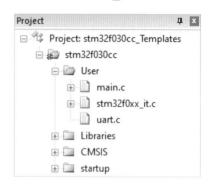

新增完成後，點開上魔術棒檢查以下這幾點是否有作勾選，Target 底下要勾選 Use MicroLIB，勾選這個才能使用 stdio.h 這個 C 語言的基本語法的標頭檔，位置如下圖：

將框框部分勾選後，在上選單切到 C/C++，將 C99 Mode 勾選起來，這樣等等編譯程式才不會有語法錯誤的情況，勾選後按「OK」：

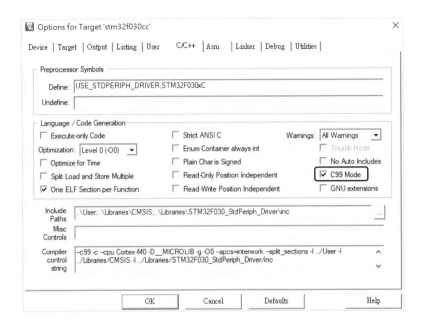

設定完後，接下來要展示範例的功能為 UART 中斷功能，主程式 while 迴圈會將定時的列印 test 這字串，假設 RX 接收到資料時立刻進入中斷後馬上傳出接收的數值。以這簡單範例做修改可以做許多功能的應用，例如從外部控制 MCU 要做相對應的處理等等。一樣先來看看 uart.h 的部分：

uart.h

```
1  #ifndef  UART_H
2  #define  UART_H
3
4  #include "stm32f0xx.h"
5  #include "stdio.h"
6
7  /*USART2的相關配置參數*/
8  #define UARTx              USART2                    /*使用USART2*/
9  #define UART_CLK           RCC_APB1Periph_USART2     /*USART2所使用時鐘線*/
10 #define UART_APBxClkCmd    RCC_APB1PeriphClockCmd    /*APB1時鐘線啟用功能函數*/
11 #define UART_BAUDRATE      115200                    /*鮑特率*/
12
13 /*USART2的GPIO口配置參數*/
14 #define UART_GPIO_CLK      RCC_AHBPeriph_GPIOA       /*GPIOA所使用的時鐘線*/
15 #define UART_GPIO_AHBClkCmd RCC_AHBPeriphClockCmd    /*AHB時鐘線啟用功能函數*/
16 #define UART_TX_GPIO_PORT  GPIOA                     /*USART2 TX使用的IO口*/
17 #define UART_TX_GPIO_PIN   GPIO_Pin_2                /*USART2 TX使用的腳位*/
18 #define UART_RX_GPIO_PORT  GPIOA                     /*USART2 RX使用的IO口*/
19 #define UART_RX_GPIO_PIN   GPIO_Pin_3                /*USART2 RX使用的腳位*/
20
21 void UART_Config(void);                              /*UART功能初始化函式*/
22
23 #endif /* UART_H*/
24
```

4-21

這些定義從哪來的？假設讀者對這個有疑問，可以直接跳至 uart.c 來與 uart.h 反覆查看定義用在哪個地方，這些定義都是根據 uart.c 裡面有使用到 stm32f0xx.usart.c 標準庫裡的功能函式所指定的數據，會引入第 5 行的 stdio.h 是因為要將 printf 和 scanf 重新定向給 UART 做使用，再來看 uart.c 裡實現的部分：

uart.c

這部分將分兩段做講解，先 UART 功能和中斷的初始化程式：

```
uart.c
 1    #include "uart.h"
 2    static void UART_NVIC_InitConfig(void)
 3  □{
 4        /*UART內核嵌套向量初始化函數*/
 5        NVIC_InitTypeDef NVIC_InitStructconfig;                /*指向NVIC_InitTypeDe的結構體*/
 6        NVIC_InitStructconfig.NVIC_IRQChannel=USART2_IRQn;/*使用USART2_IRQn*/
 7        NVIC_InitStructconfig.NVIC_IRQChannelPriority=1;      /*USART2*/
 8        NVIC_InitStructconfig.NVIC_IRQChannelCmd=ENABLE;      /*中斷通道啟用*/
 9        NVIC_Init(&NVIC_InitStructconfig);                    /*中斷初始化函數*/
10  └ }
11    void UART_Config(void)
12  □{
13        GPIO_InitTypeDef GPIO_InitStructure;            /*指向GPIO口初始化結構體*/
14        USART_InitTypeDef USART_InitStructure;          /*指向USART功能初始化結構體*/
15        UART_GPIO_AHBClkCmd(UART_GPIO_CLK,ENABLE);      /*UART的GPIOA口的時鐘*/
16        UART_APBxClkCmd(UART_CLK,ENABLE);               /*UART的所使用的時鐘*/
17
18        /*USART2所使用的GPIO口功能初始化結構體指標*/
19        GPIO_InitStructure.GPIO_Pin = UART_TX_GPIO_PIN | UART_RX_GPIO_PIN;/*GPIO口腳位*/
20        GPIO_InitStructure.GPIO_Mode = GPIO_Mode_AF;          /*GPIO口設位復用功能*/
21        GPIO_InitStructure.GPIO_OType = GPIO_OType_PP;        /*設定為上拉下拉模式*/
22        GPIO_InitStructure.GPIO_Speed = GPIO_Speed_Level_1;   /*配置速度*/
23        GPIO_InitStructure.GPIO_PuPd = GPIO_PuPd_UP;          /*上拉模式*/
24        GPIO_Init(GPIOA,&GPIO_InitStructure);                 /*GPIO口初始化*/
25
26        GPIO_PinAFConfig(GPIOA,GPIO_PinSource2,GPIO_AF_1);    /*A2使用為AF1*/
27        GPIO_PinAFConfig(GPIOA,GPIO_PinSource3,GPIO_AF_1);    /*A3使用為AF1*/
28
29        /*USART2功能初始化結構體指標*/
30        USART_InitStructure.USART_BaudRate = UART_BAUDRATE;            /*設定UART的傳輸速率*/
31        USART_InitStructure.USART_WordLength = USART_WordLength_8b;  /*設定傳輸資料格式為8bit*/
32        USART_InitStructure.USART_StopBits = USART_StopBits_1;        /*設定1bit的停止位*/
33        USART_InitStructure.USART_Parity = USART_Parity_No;          /*不使用校驗位*/
34        USART_InitStructure.USART_Mode = USART_Mode_Rx | USART_Mode_Tx; /*模式使用TX、RX*/
35        USART_InitStructure.USART_HardwareFlowControl = USART_HardwareFlowControl_None; /*無硬體控制*/
36        USART_Init(UARTx,&USART_InitStructure);        /*USART初始化*/
37
38        UART_NVIC_InitConfig();                         /*呼叫UART中斷初始函數宣告*/
39
40        USART_ITConfig(UARTx,USART_IT_RXNE,ENABLE);    /*UART的中斷初始化*/
41        USART_Cmd(UARTx,ENABLE);                       /*開啟USART2功能*/
42    }
```

逐行簡單講解 2~9 行的 static void UART_NVIC_InitConfig(void) 主要是來設定 UART 中斷功能，13~14 行為指向兩個初始化結構體：①UART 功能對應的 GPIO 的結構體、②UART 功能的結構體。15~16 行為開啟 GPIO 口時鐘和 UART 的時鐘，19~24 行為 UART 使用的 GPIO 口初結構體設定，設定好後再來設定復用為 UART 功能，AF1 為 USART2 功能，可跳至

GPIO_PinAFConfig 查看，或是打開資料手冊（DS9773）第 4 章節 Pinouts and pin descriptions 的表格有紀錄給 GPIO 口可以復用的功能，30~36 行為 UART 功能的結構體設定，38 行為呼叫剛剛上方寫的 UART 中斷初始化設定，都設置好後，40 行開啟中斷功能，41 行開啟 UART 功能。

再來看將 prtintf 和 scanf 定義給 UART2 做使用：

```
44   /*重新定像C庫函式的printf到uart，就可使用printf*/
45   int fputc(int ch, FILE *f)
46  {
47     /* 發送一個字節數據到串口 */
48     USART_SendData(UARTx, (uint8_t) ch);
49     /* 等待傳送完畢 */
50     while (USART_GetFlagStatus(UARTx, USART_FLAG_TXE) == RESET);
51     return (ch);
52  }
53   /*重新定像C庫函式的scanf到uart，就可使用scanf、getchar等函式*/
54   int fgetc(FILE *f)
55  {
56     /*等待UART接收*/
57     while (USART_GetFlagStatus(UARTx, USART_FLAG_RXNE) == RESET);
58     return (int)USART_ReceiveData(UARTx);
59  }
60
```

fputc、fgetc 分別為 printf、scanf 裡的函式，主要是修改原本 fputc、fgetc，將裡面替換成 UART 的發送和接收。再來是看 stm32f0xx_it.c 裡的 UART 中斷函式部分：

stm32f0xx_it.c

```
stm32f0xx_it.c
19    *
20    *****************************************************
21    */
22   /* Includes --------------------------------------
23   #include "stm32f0xx_it.h"
24   #include "led.h"
25   #include "exti.h"
26   #include "uart.h"
27
28   void USART2_IRQHandler(void)
29  {
30     uint8_t ucTemp;
31
32     /*判斷UART2接收端是否接收到數據*/
33     if(USART_GetITStatus(UARTx,USART_IT_RXNE)!=RESET)
34     {
35       ucTemp = USART_ReceiveData(UARTx);
36       USART_SendData(UARTx,ucTemp);
37     }
38  }
```

28 行的 USART2_IRQHandler 這個中斷函式名稱打錯的話就無法進入中斷，編譯過後也不會提示這裡有誤，中斷名稱有哪些在 EXTI 外部中斷有介紹過了，33 行的 USART_GetITStatus 函式的功用是當 USART 接收到數據時觸發中斷函式，35 行的 USART_ReceiveData 儲存接收數據後，36 行再發送出所接收到的數據。

main.c

```c
1   #include "main.h"
2   #include "led.h"
3   #include "exti.h"
4   #include "SysTick.h"
5   #include "uart.h"
6   int main(void)
7   {
8       LED_GPIO_Config();      /*初始化PB12、PB13為輸出功能*/
9       Intput_GPIO_Config();   /*初始化PB14為輸入功能*/
10      Intput_exti_Config();   /*初始化PB14為外部中斷腳位*/
11      UART_Config();          /*UART初始化*/
12      SysTick_Init(48);       /*滴答計時器*/
13
14      while (1)
15      {
16          printf("test\r\n"); /*UART發送字串*/
17          delay_ms(500);
18      }
19  }
20
```

主程式部分只在 while 迴圈裡不斷用 UART 傳出字串，當接收到數據的時候會馬上傳出接收的數據，這邊用 USB 轉 TTL 的模組用 AccessPort 這個免費軟體來驗證，至於 USB 轉 TTL 的模組每個電子零件行都有賣，常見的 IC 型號有 CP2102、CH340 等等，下圖為 AccessPort 驗證的截圖：

0.5 秒傳一次 test 字串，下方可以看到發送視窗有個 123，發送後會立刻在上方的接收視窗看到，以驗證有使用到 UART 的中斷。

4.4 I²C（Inter-Integrated Circuit）

I²C 是 Inter-Integrated Circuit 的縮寫，I²C 只是用兩條雙向的線一條 Serial Data Line (SDA)，另一條 Serial Clock (SCL)。I²C 字面上的意思是積體電路之間，可說成積體匯流排電路，它是一種串列通訊匯流排使用多主從架構。I C 的正確讀法為「I 平方 C」（I-squared-C），而「I 二 C」（I-two-C）則是另一種錯誤但被廣泛使用的讀法。

I²C 的界面

I²C 的實體界面有兩根訊號線，分別稱之為 SCL（serial clock）與 SDA（serial data），由於 I²C 是一個 bus，在這個 bus 上所有的裝置都得透過這兩個訊號相連，SCL 為固定產生一個頻率時脈，SDA 為傳輸資料的訊號線會根據 SCL 的變化來決定何時該改變數據、何時數據是有效的。

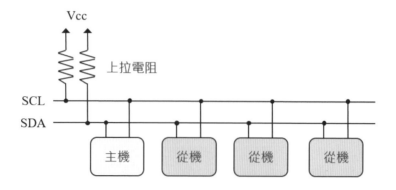

上圖是一個典型的 I^2C 電路，bus 上的所有裝置都透過 SCK、SDA 這兩根線相連，可有多個從機存在，只要電路等校電容抗不要超過主機或從機所限制的最大值，這兩條資料線都會有個上拉電阻至 V_{cc}，這兩個電阻是讓 I^2C 能正常運作的關鍵，這上拉電阻也產生 Wired-AND（線與）的特性。

Wired-AND

I^2C bus 上所有的裝置都是透過 push-pull 或 open-drain 的方式來驅動 SCL 或 SDA，push-pull 的組成通常為兩個電晶體，這部分就前章節介紹 GPIO 推拉模式的時候的電路一樣，open-drain 則為一顆 N 行電晶體，如下圖：

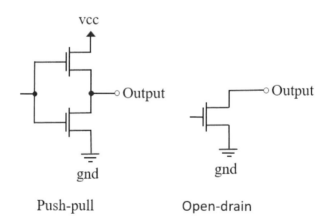

上圖右邊的電路可以看出 open-drain 輸出電路只有一顆電晶體，它只能把輸出拉到 low，無法把輸出變成 high，因此當 open-drain 輸出的 low-side 電晶體不導通時，它就會呈現 high-Z 的高阻抗狀態，就好像它沒有接到任何東西一樣，所以設備與主機之間一定接個上拉 V_{DD} 的電阻以確保設備空閒時為 High，而這就可以整理出 Wired-AND 的重點：

◆ 當所有的裝置都輸出 high 時，bus 上的狀態才會是 high。

◆ 只要有任何一個裝置輸出 low，bus 上的狀態就會是 low。

稱之 Wired-AND 邏輯是跟邏輯 AND 有關，當 I^2C 兩條線上所有裝置都為 1 才會為 1，只要有任一個裝置輸出為 0 時，其他裝置也都會變為 0，這個就是數位邏輯的 AND。

I^2C bus 的時序有幾個重要原則要記清楚：

1. 當 I^2C bus 上沒有任何活動時 SCL、SDA 都維持在 high

2. SCL 為 high 時 SDA 的資料為有效，此時的 SDA 的狀態不能改變，以確保接收方可以取樣到正確的 SDA 狀態（下圖的 B3、B2...BN）

3. SCL 為 low 時，SDA 的狀態可以改變（顏色較深色的部分）

4. 當 SCL 為 high 時，如果 SDA 變動，有兩種特殊狀況：（下圖最前端和最後端 S、P），當 SCL 為 high 時，SDA 下降緣的地方為 START（開始信號）；SCL 為 high 時，SDA 上升緣的地方為 STOP（停止信號）。

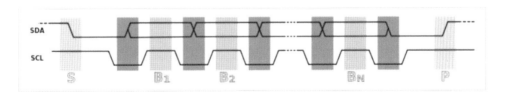

基本時序－Acknowledge（ACK）

每一個 8-bit 的資料傳輸結束後，會跟著一個 acknowledge bit。這個 acknowledge bit 固定由接收方產生，有兩種用法：

1. 當 master 是傳送方、slave 是接收方，也就是說這個傳輸是 master 寫入資料到 slave 時，這個 acknowledge bit 是用來讓 slave 告訴 master 「收到！了解！正確！」

2. 當 master 是接收方、slave 是傳送方，也就是說這個傳輸是 master 從 slave 讀取資料時，這個 acknowledge bit 是用來讓 master 告訴 slave 「我還要接著讀，請繼續準備下一筆資料」或「夠了，我讀完了」。簡單整理 Acknowledge bit 的狀態定義是：

   - low -0 是「好、OK、收到、請繼續」
   - high -1 是「出錯了、沒有人在家、不要繼續」

基本時序－設備地址點名（Address）

I^2C 是一個多裝置的 bus，因此每當 master 發起傳輸時，它得先點名這就像老師叫特定座號的同學回答問題一樣，而這個座號就是 I^2C address。master 不需要 I^2C address，因為沒有人會點名老師起來回答問題。因此所有的 I^2C 傳輸週期，第一個 byte 都是用來點名的，它的內容就是被點到 slave 裝置的 address，下圖可以看到：

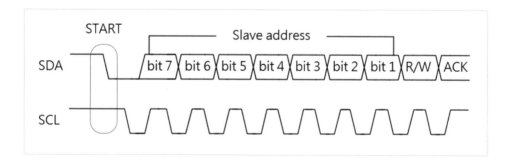

這部分是 I²C 協議傳輸最前段，一定會像這樣先呼叫設備的 7 bit 地址，也就是上圖的 bit 7 ~ bit 1，最常見的從機裝置都是 7 位地址，也有 10 位地址的裝置，後面章節的 I²C 的範例都是 7 位地址的，地址發完後緊接著 bit 0 為主機寫入（W：0）或讀取裝置數據（R：1），這邊是要呼叫所以要是 0，在下面做讀寫的介紹。

基本時序－寫 or 讀資料的基本格式

以一個最常見的讀和寫的資料傳輸格式做介紹：

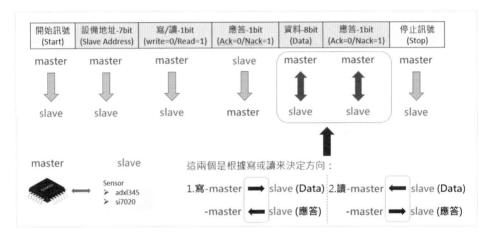

上圖這是 SDA 傳輸過程，master 為發送端可看做是 MCU 微控制器，而 Slave 為從機如三軸感測器（adxl345）、溫溼度感測器（si7020），上圖由左至右的 SDA 傳輸時序，先有個開始訊號，接著傳輸要呼叫的設備地址 8 bit，這邊實際上為 7 bit 設備地址左移後為 8 bit，最後 1 bit 是用來決定要寫入或讀出，呼叫完設備後接著等設備應答（ACK），這個就是由從機發送至主機，從機有回應的話會將 SCL 拉 low，從機有發現自己被呼叫後才會開始後面資料傳輸，否則從機是不會理會後面的資料傳輸，而後面資料以主機的視角來看，資料的來回是根據要讀或是寫來決定，假設要將主機輸入給從機一個 byte，資料就是由主機傳入從機，而應答是由從機接收到後會回應給主機；反之主機要跟從機要資料時，資料是由從機傳給主機而主機會應答給從機來表示收到了，關於這部分讀者不夠了解可以

往回看基本時序 ACK 的說明，傳完資料或接收完資料後就要由主機發送一個停止訊號。

第 3、4 章做了 STM32 的練習，從 GPIO > EXTI > SysTick > UART > I2C，這些功能都很常用，其中 3.3、3.4、4.1、4.2 這幾範例的最後都有附上邏輯分析儀所驗證程式是否如預期，這些檔案筆者都會附給讀者下載查看。最後這章 I²C 只做了介紹並沒有實際範例，而在下一章 I²C 的範例會獨立出來一章，I²C 是比較難懂的協議之一，無法透過簡單幾句介紹帶過，以上的 I²C 介紹都是筆者在學習的路途中所累積、整理的精華。

I²C 實例解析

這一章會介紹許多使用 I^2C 的 IC，有記憶體（EEPROM）、三軸感測器（ADXL345）、溫溼度感測器（SI7021），以上這三個都會在第 6 章的小專案會使用到，本章的 I^2C 是使用硬體的方式來實現，在說明這些範例程式前，要先來看看要使用的 MCU 參考手冊上的 I^2C 章節，會有介紹到這顆 MCU 的 I^2C 有哪些規則要注意，看到 STM32F030 的參考手冊（RM0360）的目錄 I^2C 那節：

框起處為 22.4.9 I2C master mode 這節很重要，這節說明了當 MCU 為主機模式時的讀寫時序規則，接下來的範例也都會遵守這節的規定（如下圖）的主機發送規則：

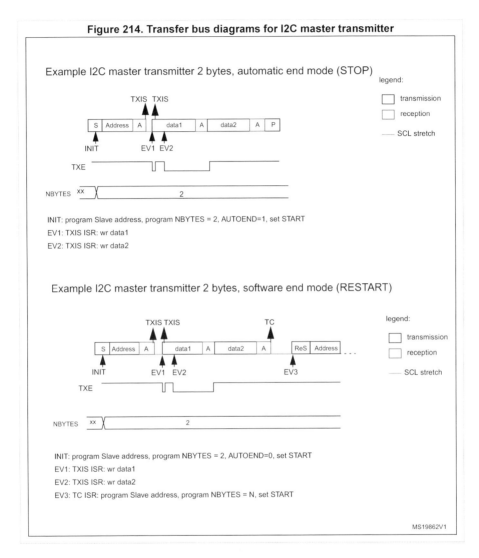

Figure 214. Transfer bus diagrams for I2C master transmitter

上圖這個為主機發送的時序，主要兩種模式：

1. automatic end mode：指的是自動發起停止位，data 的數量可由 NBYTES 這個參數做決定，在發送前需要檢查 TXIS 這個旗標來決定內部的 I²C 發送器是否為空，為空才能執行發送。

2. software end mode：用在需要重新發送開始訊號，而在發送前最後的檢查的旗標要為 TC ISR，這個需要特別注意，在之後主機讀取從機的資料範例程式可以看到。

5.1 可複寫唯讀記憶體讀寫時序解析（EEPROM）

EEPROM 是一種電源關閉也不會丟失的記憶體，很常用來儲存一些儲存設定資料或記錄資料。本節會將存入自訂資料到 EEPROM 後再讀出利用 UART 傳出來驗證是否跟寫入的資料一樣。本節使用 EEPROM 型號為 AT24C128C 為 128K bit 的記憶體，這章會搭配 Datasheet 做講解，首先是硬體電路的部分。

硬體電路：

大多的 IC 的 Datasheet 都會有說明相關應用的電路推薦接法，打開 AT24C128C-Datasheet 第 3.1 章節 System Configuration Using Two-Wire Serial EEPROMs：

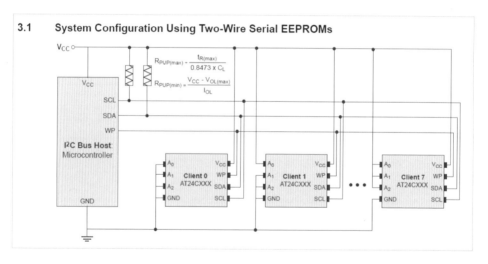

上圖看到有推薦的電路接法 I2C Bus Host 為我們所用的 MCU，可以並聯許多從機，而這顆 EEPROM 的 A2、A1、A0 就是拿來決定每個 IC 的從機地址防止有衝突，WP 為寫保護的腳位，拉高可防止數據寫入。這邊我們預設都是拉低，不會特別去拉到一個 MCU 的 GPIO 來控制，這張圖也有標明上拉電阻可用的最大和最小的阻值公式，由於計算這方牽扯到微控器的輸入電容、電壓準位、Bus 上的總電容抗、SCL 的工作頻率等多項因

素，這邊就不做計算，直接用手冊所推薦 4 kΩ（在 400 kHz 的傳輸速度），推薦的數值在手冊的 4.4 AC Characteristics。

4.4 AC Characteristics

Table 4-3. AC Characteristics[1]

Parameter	Symbol	Fast Mode V_{CC} = 1.7V to 5.5V		Fast Mode Plus V_{CC} = 2.5V to 5.5V		Units
		Min.	Max.	Min.	Max.	
Clock Frequency, SCL	f_{SCL}	—	400	—	1000	kHz
Clock Pulse Width Low	t_{LOW}	1300	—	500	—	ns
Clock Pulse Width High	t_{HIGH}	600	—	400	—	ns
Noise Suppression Time[2]	t_I	—	100	—	50	ns
Clock Low to Data Out Valid	t_{AA}	50	900	50	450	ns
Bus Free Time between Stop and Start[2]	t_{BUF}	1300	—	500	—	ns
Start Hold Time	$t_{HD.STA}$	600	—	250	—	ns
Start Set-up Time	$t_{SU.STA}$	600	—	250	—	ns
Data In Hold Time	$t_{HD.DAT}$	0	—	0	—	ns
Data In Set-up Time	$t_{SU.DAT}$	100	—	100	—	ns
Inputs Rise Time[2]	t_R	—	300	—	300	ns
Inputs Fall Time[2]	t_F	—	300	—	100	ns
Stop Set-up Time	$t_{SU.STO}$	600	—	250	—	ns
Data Out Hold Time	t_{DH}	50	—	50	—	ns
Write Cycle Time	t_{WR}	—	5	—	5	ms

Notes:
1. AC measurement conditions:
   - C_I = 100 pF
   - R_{PUP} (SDA bus line pull-up resistor to V_{CC}): 1.3 kΩ (1000 kHz), 4 kΩ (400 kHz), 10 kΩ (100 kHz)
   - Input pulse voltages: 0.3 V_{CC} to 0.7 V_{CC}
   - Input rise and fall times: ≤ 50 ns
   - Input and output timing reference voltages: 0.5 x V_{CC}
2. This parameter is ensured by characterization and is not 100% tested.

表格下方有推薦該用多少數值，這邊選擇用 400 kHz，再來看看這顆 IC 首頁的介紹：

I²C-Compatible (Two-Wire)
Serial EEPROM 128-Kbit (16,384 x 8)

Features

- Low-Voltage Operation:
  - V_{CC} = 1.7V to 5.5V
- Internally Organized as 16,384 x 8 (128K)
- Industrial Temperature Range: -40°C to +85°C
- I²C-Compatible (Two-Wire) Serial Interface:
  - 100 kHz Standard mode, 1.7V to 5.5V
  - 400 kHz Fast mode, 1.7V to 5.5V
  - 1 MHz Fast Mode Plus (FM+), 2.5V to 5.5V
- Schmitt Triggers, Filtered Inputs for Noise Suppression
- Didirectional Data Transfcr Protocol
- Write-Protect Pin for Full Array Hardware Data Protection
- Ultra Low Active Current (3 mA maximum) and Standby Current (6 µA maximum)
- 64-Byte Page Write Mode:
  - Partial page writes allowed
- Random and Sequential Read Modes
- Self-Timed Write Cycle within 5 ms Maximum
- High Reliability:
  - Endurance: 1,000,000 write cycles
  - Data retention: 100 years
- Green Package Options (Lead-free/Halide-free/RoHS compliant)-
- Die Sale Options: Wafer Form and Bumped Wafers

上圖為手冊的第一頁特性介紹，這裡面有比較關鍵的數據是 64-Byte Page Write Mode：Partial page writes allowed，這句話可理解成寫入 64-Byte 要換頁一次。以 AT24C128 這顆 IC 來說，它的容量是 128 Kbit，128*1024=131072，131072/8 = **16384** bytes，這個記憶體共可寫入 16384 Byte。但不能一口氣從 0 寫到 16383 需要緩存資料，以上圖框起處表示寫 **64** 個數據字節存滿了要換頁一次，16384/64=256 這代表從頭寫到尾共需要換頁 256 次，這點需要特別注意，每顆型號都不太一樣，例如 AT24C02 這顆 2 Kbit 的容量是 8 byte 換頁一次，2048 / 8 = 256 bytes，代表這個記憶體共可寫入 256 個數據字節，8 個數據字節換頁一次，從頭到尾換業需要頭換尾 32 次。換頁的觀念介紹完了，接者直接看這顆 IC 的寫入時序和讀出時序如何制定的，這部分要打開資料手冊的 7.1 Byte Write 和 7.2 Page Write 這兩種寫法說明：

Byte Write

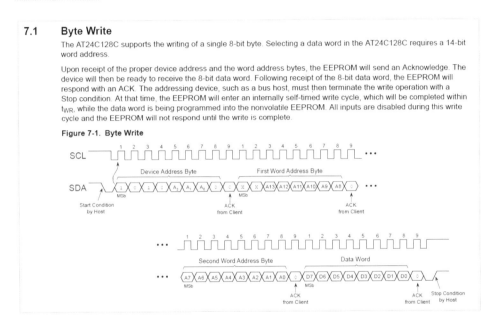

7.1　Byte Write

The AT24C128C supports the writing of a single 8-bit byte. Selecting a data word in the AT24C128C requires a 14-bit word address.

Upon receipt of the proper device address and the word address bytes, the EEPROM will send an Acknowledge. The device will then be ready to receive the 8-bit data word. Following receipt of the 8-bit data word, the EEPROM will respond with an ACK. The addressing device, such as a bus host, must then terminate the write operation with a Stop condition. At that time, the EEPROM will enter an internally self-timed write cycle, which will be completed within t$_{WR}$ while the data word is being programmed into the nonvolatile EEPROM. All inputs are disabled during this write cycle and the EEPROM will not respond until the write is complete.

Figure 7-1. Byte Write

手冊這部分是在說明 1 Byte Write 的主機寫入從機的格式，時序圖依序說明。先一個起始訊號，再來接著 Device Address Byte 設備地址可以看到時序有標明 1 0 1 0 A2 A1 A0 0，由此可知 A2~A0 個別接高低電位可以決定設備地址，這邊先將 A2~A0 接地可知設備地址為二進制，1010 0000 轉為 16 進制為 0xA0，再來接收到一個 ACK 位元 0 時，表示從機有收到主機的呼叫並回應了，回應後要先傳輸 EEPROM 內部儲存器的地址 First Word Address Byte 和 Second Word Address Byte，分別為第一節地址和第二字節地址，這兩個是指 EEPROM 內部記憶體的位置，A13~A0 是要指定數據寫在哪個位置。A13 前面有兩個 X，這一是代表寫 1 或寫 0 都不在意，這邊就給予 0 就好，由此可知最大的內部站存地址為 0011 1111 1111 1111，打開小算盤轉換成程式設計人員，並在 BIN 的欄位打上 11 1111 1111 1111 如下：

DEC 為 10 進制 16383，這數字這就是 AT24C128 總共可以存入 Byte 的總位元組數。寫入地址決定後就可以傳輸一個 Byte 個 data 了。這樣就完成一個 Byte 的寫入。

Page Write

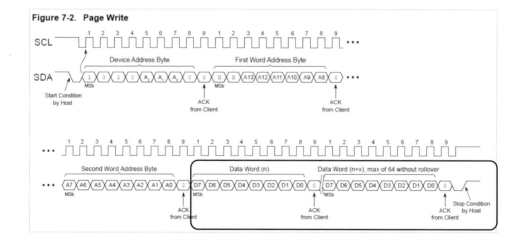

Figure 7-2. Page Write

資料手上 Byte Write 介紹完，緊接著是 Page Write（頁寫入），這跟 Byte Write 一樣主要是差在 Data Word 最多可連續寫入 64 次（框起處），而 EEPROM 地址會由起始地址自動加一，在 I^2C 的協議規範書（UM10204）裡的 3.2.7 The target address and R/W bit 節有一段文字：

- Controller-transmitter transmits to target-receiver. The transfer direction is not changed (see Figure 28). The controller never acknowledges because it never receives any data but generates the '1' on the ninth bit for the target to conform to the I^2C-bus protocol.

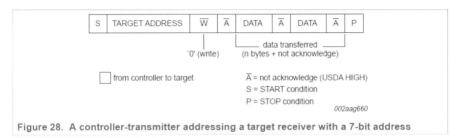

Figure 28. A controller-transmitter addressing a target receiver with a 7-bit address

Notes:

1. Individual transaction or repeated START formats addressing multiple targets in one transaction can be used. After the START condition and target address is repeated, data can be transferred.

2. All decisions on auto-increment or decrement of previously accessed memory locations, etc., are taken by the designer of the device.

3. Each byte is followed by a Not-Acknowledgment bit as indicated by the $\overline{A}$ blocks in the sequence.

4. I^2C-bus compatible devices must reset their bus logic on receipt of a START or repeated START condition such that they all anticipate the sending of a target address, even if these START conditions are not positioned according to the proper format.

5. A START condition immediately followed by a STOP condition (void message) is an illegal format. Many devices however are designed to operate properly under this condition.

6. Each device connected to the bus is addressable by a unique address. A simple controller/target relationship exists, but it is possible to have multiple identical targets that can receive and respond simultaneously, for example, in a group broadcast where all identical devices are configured at the same time, understanding that it is impossible to determine that each target is responsive. Refer to individual component data sheets.

上圖框起來的第二點是在說，關於自動遞增或遞減訪問的暫存位置的決定由設計者自行定義。寫入的格式說明完了，再來就是讀取模式，這邊介紹 8.2 Random Read（隨機讀取）：

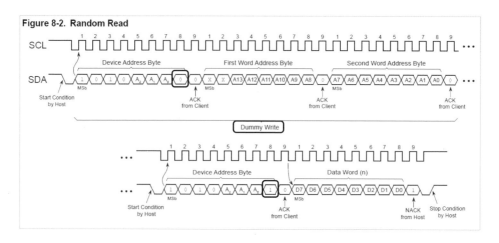

讀取的格式就比較特別，會先有個 Dummy Write（虛擬寫入）後，才發送讀取指令上圖框起處，這看起來有點複雜，筆者將上圖重新繪製會比較好了解一點：

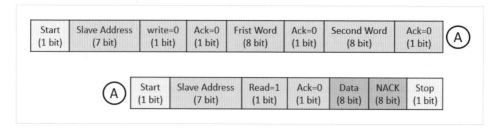

分成兩段 A 為連接點，上段為手冊標明的 Dummy Write（虛擬寫入）。這邊使用寫入指令，但接著要寫入暫存器內部後就沒傳資料，而是接著 Start 訊號材發出讀指令，這是回傳的資料就是 Dummy Write 裡所寫入的暫存器位置。讀取資料這格式比較特殊，有兩個開始訊號、一個結束訊號，快速地介紹完後直接看 EEPROM 讀寫範例程式會更好理解，隨機讀取為一個 byte 讀取，那要如何多個連續讀取？這看到手冊的 8.3 Sequential Read（順序讀取）：

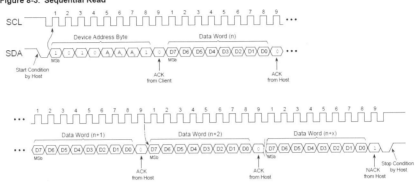

8.3 **Sequential Read**

Sequential reads are initiated by either a current address read or a random read. After the bus host receives a data word, it responds with an Acknowledge. As long as the EEPROM receives an ACK, it will continue to increment the word address and serially clock out sequential data words. When the maximum memory address is reached, the data word address will rollover and the sequential read will continue from the beginning of the memory array. All types of read operations will be terminated if the bus host does not respond with an ACK (it NACKs) during the ninth clock cycle. After the NACK response, the host may send a Stop condition to complete the protocol or it can send a Start condition to begin the next sequence.

Figure 8-3. Sequential Read

Sequential Read（順序讀取），少了 Random Read 的 Dummy Write，但實際上是要加入 Dummy Write 後，記憶體才知道要從哪個位置開始讀取，不放 Dummy Write 而直接使用讀命令也是可以讀取，起始位一定是從記憶體第一格開始讀取，最多讀取到 0~255 個欄位，但讀取資料並沒有像寫入的一頁只能有 64 byte 限制，大於 255 byte 需要使用標準庫的 I2C_Reload_Mode 模式，這個用到的機會並不高，平常用到 I2C_AutoEnd_Mode 和 I2C_SoftEnd_Mode 這兩個就夠了。

範例程式：

I²C 有兩種方式可以實現：

1. 軟體方式：控制 GPIO 口的高低電位來組成 I²C 協議。

2. 硬體方式：使用 STM32 定好具有 I²C 功能的腳位。

軟體實現的方式的好處是程式碼較短、可讀性較高、任何 GPIO 腳位口可以使用。硬體的方式的話，只能使用 STM32 有定義好的功能腳位，需根據 MCU 型號參考冊裡的 I²C 章節來做初始化設定，和使用標準庫的某些函示來達成各個 IC 傳輸的規則。雖然軟體會簡單許多，但硬體方式穩定度理論上會比軟體方式還來得穩定，各有好壞。本書會先比較繁瑣的硬體方式來做說明，範例程式軟體實現和硬體都會附上，兩種方式是做一樣的動作，有興趣的讀者可以交叉看，這樣可以更快理解 I^2C 協議傳輸規則。複製前面 STM32F030CC_UART 的專檔名改為 STM32F030CC_I2C，在 User 底下新增一個空白資料夾為 I^2C，並在此資料夾下建立 IIC_EEPROM_Hardware.c 和 IIC_EEPROM_Hardware.h，後面命名 Hardware 是指用硬體方式實現。

IIC_EEPROM_Hardware.h

```
IIC_EEPROM_Hardware.h*
 1 #ifndef __IIC_EEPROM_Hardware_h
 2 #define __IIC_EEPROM_Hardware_h
 3 #include "stm32f0xx.h"
 4 #include "uart.h"
 5 #define  AT24C128_PageSize    64      /*AT24C128每頁有64個位元組*/
 6
 7 /*I2C介面定義*/
 8 #define   EEPROM_I2C              I2C1
 9 #define   EEPROM_I2C_CLK          RCC_APB1Periph_I2C1
10 #define   EEPROM_I2C_CLK_INIT     RCC_APB1PeriphClockCmd
11
12 #define   EEPROM_I2C_SCL_PIN      GPIO_Pin_9
13 #define   EEPROM_I2C_SCL_GPIO_PORT  GPIOA
14 #define   EEPROM_I2C_SCL_GPIO_CLK   RCC_AHBPeriph_GPIOA
15 #define   EEPROM_I2C_SCL_SOURCE   GPIO_PinSource9
16 #define   EEPROM_I2C_SCL_AF       GPIO_AF_4
17
18 #define   EEPROM_I2C_SDA_PIN      GPIO_Pin_10
19 #define   EEPROM_I2C_SDA_GPIO_PORT  GPIOA
20 #define   EEPROM_I2C_SDA_GPIO_CLK   RCC_AHBPeriph_GPIOA
21 #define   EEPROM_I2C_SDA_SOURCE   GPIO_PinSource10
22 #define   EEPROM_I2C_SDA_AF       GPIO_AF_4
23
24 /*確認I2C旗標狀態等待時間*/
25 #define   I2CT_FLAG_TIMEOUT     ((uint32_t)0x1000)
26 #define   I2CT_LONG_TIMEOUT     ((uint32_t)(10 * I2CT_FLAG_TIMEOUT))
27
28 #define   EEPROM_ADDRESS        0xA0       /*設備地址*/
29
30 /*配置工具 := (STSW-STM32126),針對 STM32F3xxxx and STM32F0xxxx
31    配置為主模式的快速模式400KHz,I2C時鐘來源頻率為48MHz,開啟類比濾波
32    數字濾波器係數為0,上升時間200ns,下降時間100ns (ADXL345手冊標明上升時間和下降時間上限300ns)
33 */
34 #define   EEPROM_Timing_Value   0x00E01847   /*i2c硬體配置參數*/
35
36 void AT24C128_Init(void); /*EEPROM初始化*/
37 uint32_t I2C_EE_ByteWrite(uint16_t WordAddress,uint8_t Data);   /*Byte Write*/
38 uint32_t I2C_EE_PageWrite(uint8_t* pBuffer,uint16_t WordAddress,uint8_t NumByteToWrite);   /*Page Write*/
39
40 uint16_t I2C_EE_ByteRead(uint16_t WordAddress);   /*Random Read*/
41 uint16_t I2C_EE_Sequential_Read(uint8_t* pBuffer,uint16_t WordAddress,uint16_t NumByteToRead);/*Sequential Read*/
42
43 #endif /*IIC_EEPROM_Hardware_h*/
```

定義參數跟前面範例撰寫的概念是差不多，說明一下比較特別的第 34 行，其他型的 MCU 大多不需要這個數值，而是會在結構體裡個別設定，F0 這系列 MCU 有個工具可以配置出這一串數字，這部分在參考手冊的 22.4.10 I2C_TIMINGR register configuration examples：

22.4.10　I2C_TIMINGR register configuration examples

The tables below provide examples of how to program the I2C_TIMINGR to obtain timings compliant with the I²C specification. In order to get more accurate configuration values, please refer to the application note: *I²C timing configuration tool (AN4235)* and the associated software STSW-STM32126.

這段文字最後 note 有說明可以用 AN4235 的相關軟體（STSW-STM32126），可以直接 google 此軟體編號到官網下載，載完後可以看到這是一個 Excel 檔案：

I2C Timing Configuration Tool for STM32F3xx and STM32F0xx devices V1.0.1

©COPYRIGHT STMicroelectronics
MCD Application Team

Please enter the Input parameters :

Device Mode	Master
I2C Speed Mode	Fast Mode
I2C Speed Frequency (KHz)	400
I2C Clock Source Frequency (KHz)	48000

For STM32F3xx devices, max clock frequency is 72 MHz
For STM32F0xx devices, max clock frequency is 48 MHz

Analog Filter Delay	ON
Coefficient of Digital Filter	0
Rise Time (ns)	200
Fall Time (ns)	100

Output Result (Timing register):

31	30	29	28	27	26	25	24	23	22	21	20	19	18	17	16
PRESC				Reserved				SCLDEL				SDADEL			
0								14				0			

15	14	13	12	11	10	9	8	7	6	5	4	3	2	1	0
SCLH								SCLL							
24								71							

| TIMINGR register Value : | 0x00E01847 | (Double Click to copy) |

| Error (%) : | 0.1664 % |

Run　　Reset

!!! This program work only if "macros" are enabled in "EXCEL" !!!

2003 version :To enable "macros": >>> TOOLS >> MACRO >> SECURITY >> we recommend to set it to "medium" (you will be asked for macros to be executed)

2007-2010 version :To enable "macros": >>> Developer >> Macro Security >> MacroSettings>>Choose "Enable all macros"
Please active the "Developer " tab menu if it is not active : >>> File >> Options >> Customize Ribbon >> Enable Developer tab menu

左邊的參數根據本身的系統參數來決定，以上是作者所設定的參數，設定好後按下右邊的「Run」就可以看到 TIMINGR register Value：0x00E0 1847，這參數會在配置 I²C 結構體裡使用到。再來看看 I²C 功能函式的實現：

IIC_EEPROM_Hardware.c

程式碼較長將分成 5 段做介紹，先是初始化的部分。

◆ void AT4C128_Init(void)：

```
IIC_EEPROM_Hardware.c
 1    #include "IIC_EEPROM_Hardware.h"
 2
 3    static __IO uint32_t  I2CTimeout = I2CT_LONG_TIMEOUT;        /*宣告i2c等待時間的變數*/
 4    static uint32_t I2C_TIMEOUT_UserCallback(uint8_t errorCode);/*定義i2c等待時間的UART回傳功能函式*/
 5
 6    void AT24C128_Init(void)
 7  ┌ {
 8    │   /******I2C的GPIO配置******/
 9    │   GPIO_InitTypeDef  GPIO_InitStructure;
10    │   RCC_AHBPeriphClockCmd(EEPROM_I2C_SCL_GPIO_CLK,ENABLE);
11    │
12    │   GPIO_InitStructure.GPIO_Pin = EEPROM_I2C_SCL_PIN | EEPROM_I2C_SDA_PIN;
13    │   GPIO_InitStructure.GPIO_Mode = GPIO_Mode_AF;
14    │   GPIO_InitStructure.GPIO_Speed = GPIO_Speed_Level_3;
15    │   GPIO_InitStructure.GPIO_OType = GPIO_OType_OD;
16    │   GPIO_InitStructure.GPIO_PuPd = GPIO_PuPd_NOPULL;
17    │
18    │   GPIO_Init(EEPROM_I2C_SDA_GPIO_PORT, &GPIO_InitStructure);
19    │   GPIO_PinAFConfig(EEPROM_I2C_SCL_GPIO_PORT,EEPROM_I2C_SCL_SOURCE,EEPROM_I2C_SCL_AF);
20    │   GPIO_PinAFConfig(EEPROM_I2C_SDA_GPIO_PORT,EEPROM_I2C_SDA_SOURCE,EEPROM_I2C_SDA_AF);
21    │
22    │   /******I2C功能配置******/
23    │   I2C_InitTypeDef  I2C_InitStructure;
24    │   RCC_I2CCLKConfig(RCC_I2C1CLK_SYSCLK);
25    │   EEPROM_I2C_CLK_INIT(EEPROM_I2C_CLK, ENABLE);                 /*開啟I2C的時鐘*/
26    │
27    │   I2C_InitStructure.I2C_Timing=EEPROM_Timing_Value;           /*使用I2C時序配置工具所計算*/
28    │   I2C_InitStructure.I2C_AnalogFilter=I2C_AnalogFilter_Enable;/*開啟類比濾雜訊*/
29    │   I2C_InitStructure.I2C_DigitalFilter=0;                      /*數位濾雜訊*/
30    │   I2C_InitStructure.I2C_Mode=I2C_Mode_I2C;                    /*使用I2C模式*/
31    │   I2C_InitStructure.I2C_OwnAddress1=0;                        /*主機的地址*/
32    │   I2C_InitStructure.I2C_Ack=I2C_Ack_Enable;                   /*主機的ACK功能開啟*/
33    │   I2C_InitStructure.I2C_AcknowledgedAddress=I2C_AcknowledgedAddress_7bit; /*確認從機的地址為7位*/
34    │
35    │   I2C_Init(EEPROM_I2C, &I2C_InitStructure);      /*初始化I2C*/
36    │   I2C_Cmd(EEPROM_I2C,ENABLE);                    /*開啟I2C*/
37    │   I2C_AcknowledgeConfig(EEPROM_I2C,ENABLE);      /*ACK配置初始化*/
38  └ }
39
```

這初始化內容跟 UART 很相似，8~20 行先初始化 I^2C 對應的 GPIO 口選擇復用功能，這裡的參數都由 "IIC_EEPROM_Hardware.h" 裡所定義，對相關參數點選右鍵 Go To Definition，設定好 GPIO 後接著是 I^2C 的功能配置 23~37 行，先將時鐘開啟後配置 I^2C_InitTypeDef 結構體，27 行為前面提到 F0 系列的 MCU 配置 I^2C 時序會額外需要個工具計算，參考手冊 I^2C 章節也有詳細說明計算，既然官方有出工具幫忙計算就放心使用吧！可以節省許多時間。

◆ uint32_t I2C_EE_ByteWrite(uint16_t WriteAddr,uint8_t Data)：

```
IIC_EEPROM_Hardware.c
40 ┌/*
41 │    EEPROM 1Byte寫入功能函式
42 │    uint16_t WordAddress：EEPROM寫入內部暫存器的起始位置(範圍0x0000~0x3fff)
43 └    uint8_t Data：要存入的數據
44 └*/
45  uint32_t I2C_EE_ByteWrite(uint16_t WordAddress,uint8_t Data)
46 ┌{
47 │    uint8_t First_Word_Address=0,Second_Word_Address=0;
48 │
49 │    /*確認I2C非忙碌狀態*/
50 │    I2CTimeout = I2CT_FLAG_TIMEOUT;
51 │    while(I2C_GetFlagStatus(EEPROM_I2C,I2C_FLAG_BUSY) != RESET)
52 ┌    {
53 │        if((I2CTimeout--) == 0) return I2C_TIMEOUT_UserCallback(1);
54 └    }
55 │    /*總線空閒後來發起1個起始訊號並呼叫從機*/
56 │    I2C_TransferHandling(I2C1,EEPROM_ADDRESS,3,I2C_AutoEnd_Mode ,I2C_Generate_Start_Write);
57 │    /*確認發送端暫存器為空*/
58 │    I2CTimeout = I2CT_FLAG_TIMEOUT;
59 │    while(I2C_GetFlagStatus(EEPROM_I2C,I2C_FLAG_TXE) == RESET)
60 ┌    {
61 │        if((I2CTimeout--) == 0) return I2C_TIMEOUT_UserCallback(2);
62 └    }
63 │    First_Word_Address=WordAddress>>8;      /*將WordAddress右移8位後存入First_Word_Address*/
64 │    I2C_SendData(I2C1,First_Word_Address); /*發送First_Word_Address*/
65 │
66 │    /*確認發送端暫存器為空*/
67 │    I2CTimeout = I2CT_FLAG_TIMEOUT;
68 │    while(I2C_GetFlagStatus(EEPROM_I2C,I2C_FLAG_TXE) == RESET)
69 ┌    {
70 │        if((I2CTimeout--) == 0) return I2C_TIMEOUT_UserCallback(3);
71 └    }
72 │    Second_Word_Address=WordAddress&~(0xff00); /*將WordAddress高8位清除*/
73 │    I2C_SendData(I2C1,Second_Word_Address);    /*發送Second_Word_Address*/
74 │    /*確認發送端暫存器為空*/
75 │    I2CTimeout = I2CT_FLAG_TIMEOUT;
76 │    while(I2C_GetFlagStatus(EEPROM_I2C,I2C_FLAG_TXE) == RESET)
77 ┌    {
78 │        if((I2CTimeout--) == 0) return I2C_TIMEOUT_UserCallback(4);
79 └    }
80 │    I2C_SendData(I2C1,Data); /*傳送資料*/
81 │    return 0;
82 └}
```

這部分是 ByteWrite 一個字節寫入的函式。45 行此函式的開始兩個函式輸入參數 WordAddress 為 16 位元，此參數最大為 16 進制 0xffff，以 AT24C128 此記憶體內部可以存取的位置是 0x0000~0x3fff。47 行將宣告第一內部地址和第二內部地址變數，這兩個 8 位元的變數等等是用來分別存 16 位元的 WordAddres 拆分成前後地址。49~54 為確認 I^2C 是否為忙碌狀態，非忙碌狀態才會離開此 while 迴圈，這邊使用到兩個函式：

1. I2C_GetFlagStatus：檢查 I^2C 的旗標，主要用來檢查硬體 I^2C 的狀態。

2. I2C_TIMEOUT_UserCallback：此函式為自定義，當進入檢查的迴圈過久會用 uart 回傳錯誤代碼，此程式碼在最下方。

對 I2C_GetFlagStatus 函式按右鍵 Go To Definition 進去查看此功能函式的
作用：

```
 IIC_EEPROM_Hardware.c      stm32f0xx_i2c.c
1390      */
1391
1392 ⊟/**
1393      * @brief  Checks whether the specified I2C flag is set or not.
1394      * @param  I2Cx: where x can be 1 or 2 to select the I2C peripheral.
1395      * @param  I2C_FLAG: specifies the flag to check.
1396      *          This parameter can be one of the following values:
1397      *            @arg I2C_FLAG_TXE: Transmit data register empty
1398      *            @arg I2C_FLAG_TXIS: Transmit interrupt status
1399      *            @arg I2C_FLAG_RXNE: Receive data register not empty
1400      *            @arg I2C_FLAG_ADDR: Address matched (slave mode)
1401      *            @arg I2C_FLAG_NACKF: NACK received flag
1402      *            @arg I2C_FLAG_STOPF: STOP detection flag
1403      *            @arg I2C_FLAG_TC: Transfer complete (master mode)
1404      *            @arg I2C_FLAG_TCR: Transfer complete reload
1405      *            @arg I2C_FLAG_BERR: Bus error
1406      *            @arg I2C_FLAG_ARLO: Arbitration lost
1407      *            @arg I2C_FLAG_OVR: Overrun/Underrun
1408      *            @arg I2C_FLAG_PECERR: PEC error in reception
1409      *            @arg I2C_FLAG_TIMEOUT: Timeout or Tlow detection flag
1410      *            @arg I2C_FLAG_ALERT: SMBus Alert
1411      *            @arg I2C_FLAG_BUSY: Bus busy
1412      * @retval The new state of I2C_FLAG (SET or RESET).
1413      */
1414  FlagStatus I2C_GetFlagStatus(I2C_TypeDef* I2Cx, uint32_t I2C_FLAG)
1415 ⊟{
1416     uint32_t tmpreg = 0;
1417     FlagStatus bitstatus = RESET;
1418
1419     /* Check the parameters */
1420     assert_param(IS_I2C_ALL_PERIPH(I2Cx));
1421     assert_param(IS_I2C_GET_FLAG(I2C_FLAG));
1422
1423     /* Get the ISR register value */
1424     tmpreg = I2Cx->ISR;
1425
```

進入到標準庫函式的 stm32f0xx_i2c.c 裡，上方有許多 I2C_FLAG 可填入
的 I^{2}C 旗標狀態的意思，等等會用到的有：

1. I2C_FLAG_BUSY：確認 I^{2}C 是否忙碌。

2. I2C_FLAG_TXIS：確認發送暫存器為空。

3. I2C_FLAG_RXNE：確認接收暫存器非空。

4. I2C_FLAG_TC：設定主模式傳輸完成。

再回到看 I2C_EE_ByteWrite 的功能函式，確認 I2C Bus 上非忙碌就可以開始傳輸 eeprom 的頁寫入函式。56 行開始傳輸會用到標準庫的 I2C_TransferHandling 這個功能函式，一樣點選右鍵 Go To Definition 進去，看這功能函式需要給它哪些參數：

```
stm32f0xx_i2c.c
853
854  /**
855   * @brief  Handles I2Cx communication when starting transfer or during transfer (TC or TCR flag are set).
856   * @param  I2Cx: where x can be 1 or 2 to select the I2C peripheral.
857   * @param  Address: specifies the slave address to be programmed.
858   * @param  Number_Bytes: specifies the number of bytes to be programmed.
859   *          This parameter must be a value between 0 and 255.
860   * @param  ReloadEndMode: new state of the I2C START condition generation.
861   *          This parameter can be one of the following values:
862   *              @arg I2C_Reload_Mode: Enable Reload mode .
863   *              @arg I2C_AutoEnd_Mode: Enable Automatic end mode.
864   *              @arg I2C_SoftEnd_Mode: Enable Software end mode.
865   * @param  StartStopMode: new state of the I2C START condition generation.
866   *          This parameter can be one of the following values:
867   *              @arg I2C_No_StartStop: Don't Generate stop and start condition.
868   *              @arg I2C_Generate_Stop: Generate stop condition (Number_Bytes should be set to 0).
869   *              @arg I2C_Generate_Start_Read: Generate Restart for read request.
870   *              @arg I2C_Generate_Start_Write: Generate Restart for write request.
871   * @retval None
872   */
873  void I2C_TransferHandling(I2C_TypeDef* I2Cx, uint16_t Address, uint8_t Number_Bytes, uint32_t ReloadEndMode, uint32_t StartStopMode)
874  {
```

I2C_TransferHandling 這函式上方有詳細的說明，在此簡單介紹參數的作用：

- **uint16_t Address**：要呼叫從機的地址參數，這邊所給的地址是 8 位地址，以 AT24C128 這顆 EEPROM 的設備地址為 0xA0。

- **uint8_t Number_Bytes**：要發送多少位元組（bytes），這個意思是指發送 1 bytes 設備地址後需要再傳送多少個 bytes，以 AT24C128 這顆 EEPROM 的 byte write 的傳輸格式來看，這邊需要填 3，有 First Word Address Byte、Second Word Address Byte 和 Data 共 3 byte。

- **uint32_t ReloadEndMode**：決定傳輸模式有三種，I2C_Reload_Mode 用於傳輸 Byte 大於 255 時才使用此模式，以目前 EERPROM 來說不用用到這個模式，I2C_AutoEnd_Mode 這個自動模式的意思會讓傳輸完成決定的 Number_Bytes 數值位元組後，自動產生停止訊號，而最後的 I2C_SoftEnd_Mode 模式這邊是用做 EEPROM 讀取時的 Dummy Write 後不要自動產生停止訊號，由軟體定義結束。

- **uint32_t StartStopMode**：這個模式在這範例程式只會用到 I2C_Generate_Start_Read 和 I2C_Generate_Start_Write，根據是要寫或讀來決定使用哪一個。

回到 I2C_EE_ByteWrite 的 56 行 I2C_TransferHandling(I2C1,EEPROM_ADDRESS,3,I2C_AutoEnd_Mode,I2C_Generate_Start_Write);這邊設定好發送的參數後，接著 58~62 行檢查 I2C_FLAG_TXE，此旗標為確認發送暫存器是否為空，為空代表已經發傳送地址的命令。接者 63~64 行將輸入的 16 位 WordAddress 右移 8 位後存入 First_Word_Address，這樣做的目的是不要低 8 位只須留高 8 位來做 EEPROM 的第一內部暫存器的地址。I2C_SendData 為發送 1 byte 的標準庫函式，發送完後 67~71 行再次檢查發送暫存器是為空，確定為空再發送 Second_Word_Address 後也要再次確認暫存器為空，才可以發送最後的資料（第 80 行處）。

◆ uint32_t I2C_EE_PageWrite(uint8_t* pBuffer, uint16_t WriteAddr, uint8_t NumByteToWrite)：

```
IIC_EEPROM_Hardware.c
83   /*
84      EEPROM 頁寫入功能函式
85      uint8_t* pBuffer：指向資料
86      uint16_t WordAddress：EEPROM寫入內部暫存器的起始位置(範圍0x0000~0x3fff)
87      uint8_t NumByteToWrite：要連續寫入的Byte數，範圍：0~64
88   */
89   uint32_t I2C_EE_PageWrite(uint8_t* pBuffer,uint16_t WordAddress,uint8_t NumByteToWrite)
90   {
91      uint8_t First_Word_Address=0,Second_Word_Address=0;
92      /*確認I2C非忙碌狀態*/
93      I2CTimeout = I2CT_FLAG_TIMEOUT;
94      while(I2C_GetFlagStatus(EEPROM_I2C,I2C_FLAG_BUSY) != RESET)
95      {
96         if((I2CTimeout--) == 0) return I2C_TIMEOUT_UserCallback(5);
97      }
98      /*總線空閒後來發起1個起始訊號並呼叫從機*/
99      I2C_TransferHandling(I2C1,EEPROM_ADDRESS,2+NumByteToWrite,I2C_AutoEnd_Mode,I2C_Generate_Start_Write);
100     /*檢查發送暫存器是否為空*/
101     I2CTimeout = I2CT_FLAG_TIMEOUT;
102     while(I2C_GetFlagStatus(EEPROM_I2C,I2C_FLAG_TXIS) == RESET)
103     {
104        if((I2CTimeout--) == 0) return I2C_TIMEOUT_UserCallback(6);
105     }
106     First_Word_Address=WordAddress>>8;      /*將WordAddress右移8位後存入First_Word_Address*/
107     I2C_SendData(I2C1,First_Word_Address);  /*發送First_Word_Address*/
108     /*檢查發送暫存器是否為空*/
109     I2CTimeout = I2CT_FLAG_TIMEOUT;
110     while(I2C_GetFlagStatus(EEPROM_I2C,I2C_FLAG_TXIS) == RESET)
111     {
112        if((I2CTimeout--) == 0) return I2C_TIMEOUT_UserCallback(7);
113     }
114     Second_Word_Address=WordAddress&(0xff00);/*將WordAddress高8位清除*/
115     I2C_SendData(I2C1,Second_Word_Address);   /*發送Second_Word_Address*/
116
117     /*進入發送資料的迴圈裡，迴圈次數為NumByteToWrite到達0時結束傳送*/
118     while(NumByteToWrite--)
119     {
120        /*確認發送暫存器為空*/
121        I2CTimeout = I2CT_FLAG_TIMEOUT;
122        while(I2C_GetFlagStatus(EEPROM_I2C,I2C_FLAG_TXIS) == RESET)
123        {
124           if((I2CTimeout--) == 0) return I2C_TIMEOUT_UserCallback(9);
125        }
126        I2C_SendData(I2C1,*pBuffer);   /*指向資料存放陣列*/
127        pBuffer++;                     /*陣列位址+1*/
128     }
129     return 0;
130  }
```

I2C_EE_PageWrite 和 I2C_EE_ByteWrite 相似，主要的差在於 99 行的發送 byte 為 2 + NumByteToWrite，這個 2 的意思為 EEPROM 的 First_Word_ Address 和 Second_Word_Address，而 123~128 行為連續發送資料。

◆ uint16_t I2C_EE_ByteRead(uint16_t WordAddress)：

```c
132 /*
133     EEPROM 1Byte讀取功能函式
134     uint16_t WordAddress：EEPROM寫入內部暫存器位置(範圍0x0000~0x3fff)
135 */
136 uint16_t I2C_EE_ByteRead(uint16_t WordAddress)
137 {
138     uint8_t data=0,First_Word_Address=0,Second_Word_Address=0;
139     /*確認I2C非忙碌狀態*/
140     I2CTimeout = I2CT_FLAG_TIMEOUT;
141     while(I2C_GetFlagStatus(EEPROM_I2C,I2C_FLAG_BUSY) != RESET)
142     {
143         if((I2CTimeout--) == 0) return I2C_TIMEOUT_UserCallback(10);
144     }
145     /*總線空閒後來發起1個起始訊號並呼叫從機,使用軟體結束模式*/
146     I2C_TransferHandling(I2C1,EEPROM_ADDRESS,2,I2C_SoftEnd_Mode,I2C_Generate_Start_Write);
147     /*確認發送端暫存器為空*/
148     I2CTimeout = I2CT_FLAG_TIMEOUT;
149     while(I2C_GetFlagStatus(EEPROM_I2C,I2C_FLAG_TXIS) == RESET)
150     {
151         if((I2CTimeout--) == 0) return I2C_TIMEOUT_UserCallback(11);
152     }
153     First_Word_Address=WordAddress>>8;        /*將WordAddress右移8位後存入First_Word_Address*/
154     I2C_SendData(I2C1,First_Word_Address);    /*發送First_Word_Address*/
155     /*確認發送端暫存器為空*/
156     I2CTimeout = I2CT_FLAG_TIMEOUT;
157     while(I2C_GetFlagStatus(EEPROM_I2C,I2C_FLAG_TXIS) == RESET)
158     {
159         if((I2CTimeout--) == 0) return I2C_TIMEOUT_UserCallback(12);
160     }
161     Second_Word_Address=WordAddress&~(0xff00);  /*將WordAddress高8位清除存入Second_Word_Address*/
162     I2C_SendData(I2C1,Second_Word_Address);     /*發送Second_Word_Address*/
163     /*確認發送端暫存器為空*/
164     I2CTimeout = I2CT_FLAG_TIMEOUT;
165     /*確認傳輸完成*/
166     while(I2C_GetFlagStatus(EEPROM_I2C,I2C_FLAG_TC) == RESET)
167     {
168         if((I2CTimeout--) == 0) return I2C_TIMEOUT_UserCallback(13);
169     }
170     /*--------再次發送開始訊號並使用讀取命令--------*/
171     I2C_TransferHandling(EEPROM_I2C,EEPROM_ADDRESS,1,I2C_AutoEnd_Mode,I2C_Generate_Start_Read);
172     /*確認暫存器非空*/
173     I2CTimeout = I2CT_FLAG_TIMEOUT;
174     while(I2C_GetFlagStatus(EEPROM_I2C,I2C_FLAG_RXNE) !=SET)
175     {
176         if((I2CTimeout--) == 0) return I2C_TIMEOUT_UserCallback(14);
177     }
178     data = I2C_ReceiveData(EEPROM_I2C);     /*接收資料*/
179     return data;
180 }
```

此函式為 1 Byte 的讀取，等於 AT24C128C 的資料手上 Random Read 的讀取函數，要注意 146 行的發送函數是設定為軟體結束模式，目的是防止自動產生結束訊號，而 138~169 行為手冊上的 Dummy Write，會取這個名子是因為要告訴記憶體該從哪邊開始，發送完 EEPROM 的寫入指令再傳送內部地址後就沒有繼續發送資料，而是 171 行重新發送開始訊號並發送一個讀指令，就可以開始接收資料。

◆ uint16_t I2C_EE_Sequential_Read(uint8_t* pBuffer,uint16_t WordAddress, uint16_t NumByteToRead)：

```
IIC_EEPROM_Hardware.c
187   uint16_t I2C_EE_Sequential_Read(uint8_t* pBuffer,uint16_t WordAddress,uint16_t NumByteToRead)
188 □{
189       uint8_t First_Word_Address=0,Second_Word_Address=0;
190       /*確認I2C非忙碌狀態*/
191       I2CTimeout = I2CT_FLAG_TIMEOUT;
192       while(I2C_GetFlagStatus(EEPROM_I2C,I2C_FLAG_BUSY) != RESET)
193 □     {
194           if((I2CTimeout--) == 0) return I2C_TIMEOUT_UserCallback(15);
195       }
196       /*總線空閒後來發起1個起始訊號並呼叫從機,使用軟體結束模式*/
197       I2C_TransferHandling(I2C1,EEPROM_ADDRESS,2,I2C_SoftEnd_Mode ,I2C_Generate_Start_Write);
198       /*確認發送端暫存器為空*/
199       I2CTimeout = I2CT_FLAG_TIMEOUT;
200       while(I2C_GetFlagStatus(EEPROM_I2C,I2C_FLAG_TXIS) == RESET)
201 □     {
202           if((I2CTimeout--) == 0) return I2C_TIMEOUT_UserCallback(16);
203       }
204       First_Word_Address=WordAddress>>8;          /*將WordAddress高8位清除存入First_Word_Address*/
205       I2C_SendData(I2C1,First_Word_Address);       /*發送First_Word_Address*/
206       /*確認發送端暫存器為空*/
207       I2CTimeout = I2CT_FLAG_TIMEOUT;
208       while(I2C_GetFlagStatus(EEPROM_I2C,I2C_FLAG_TXIS) == RESET)
209 □     {
210           if((I2CTimeout--) == 0) return I2C_TIMEOUT_UserCallback(17);
211       }
212       Second_Word_Address=WordAddress&~(0xff00);   /*將WordAddress高8位清除存入Second_Word_Address*/
213       I2C_SendData(I2C1,Second_Word_Address);      /*發送Second_Word_Address*/
214       /*確認發送端暫存器為空*/
215       I2CTimeout = I2CT_FLAG_TIMEOUT;
216       while(I2C_GetFlagStatus(EEPROM_I2C,I2C_FLAG_TC) == RESET)
217 □     {
218           if((I2CTimeout--) == 0) return I2C_TIMEOUT_UserCallback(18);
219       }
220       /*--------再次發送開始訊號並使用讀取命令,讀取byte數為:NumByteToRead--------*/
221       I2C_TransferHandling(I2C1,EEPROM_ADDRESS,NumByteToRead,I2C_AutoEnd_Mode,I2C_Generate_Start_Read);
222       while(NumByteToRead--)/*進入連續存取多筆資料的迴圈*/
223 □     {
224           I2CTimeout = I2CT_FLAG_TIMEOUT;
225           while(I2C_GetFlagStatus(EEPROM_I2C,I2C_FLAG_RXNE) !=SET)
226 □         {
227               if((I2CTimeout--) == 0) return I2C_TIMEOUT_UserCallback(20);
228           }
229           *pBuffer = I2C_ReceiveData(EEPROM_I2C);   /*接收資料後存入pBuffer陣列*/
230           pBuffer++;          /*pBuffer陣列位置+1*/
231       }
232       return 0;
233   }
```

此連續讀取和 I2C_EE_ByteRead 相似，從 221 行開始不太一樣進入連續讀取函式並存取到 pBuffer 陣列裡。到這裡都介紹完 IIC_EEPROM_Hardware.c 裡的關於 EEPROM 的功能函式了，接下來要看看 main.c 的程式來驗證這些功能函式真的有如預期運作。假設讀者有邏輯分析就比較方便，沒有的話也沒關係，可以用 UART 驗證，要理解 I²C 協議如何傳輸的或者時序有沒有符合期望的樣子，有個邏輯分析儀是最理想的。

main.c

礙於篇幅關係將分成兩段做解說，分別為兩個實驗。實驗 A 為 1 Byte 的寫入和讀出，使用到 I2C_EE_ByteWrite 和 I2C_EE_ByteRead 這兩個功能函式；實驗 B 連續寫入和讀出，利用 I2C_EE_PageWrite 寫入後用 I2C_EE_Sequential_Read 讀取出，以上這些讀到的數值都會用到 uart 驗證是否一樣。

```c
1  #include "main.h"
2  #include "SysTick.h"
3  #include "uart.h"
4  #include "IIC_EEPROM_Hardware.h"
5  uint8_t i2c_Buf_Write[64]; /*宣告要存入EEPROM的數據陣列*/
6  uint8_t i2c_Buf_Read[64];  /*宣告要讀出EEPROM的數據陣列*/
7  uint8_t i=0,Read_Data=0;   /*宣告迴圈計數變數、宣告EEPROM讀出的資料變數*/
8  int main(void)
9  {
10    SysTick_Init(48);     /*滴答計時器*/
11    UART_Config();        /*UART2初始化*/
12    AT24C128_Init();      /*初始化AT24C128的I2C1*/
13    delay_ms(2);
14    printf(" 實驗A，Byte寫入和讀出 \n");
15    printf(" 對EEPROM的0x3fA0寫入0x87\n");
16    /*對EEPROM記憶體的0x3fA0處寫入0x87*/
17    I2C_EE_ByteWrite(0x3fA0,0x87);
18    delay_ms(2);
19    /*對EEPROM記憶體的0x3fff處讀出數據*/
20    Read_Data=I2C_EE_ByteRead(0x3fA0);
21    printf(" 對EEPROM的0x3fff讀數據：%#x \n\r",Read_Data);
```

第 4 行引入新建的標頭檔 IIC_EEPROM_Hardware.h。5~7 行宣告等等會用到的變數。14 到 21 行為實驗 A 用 I2C_EE_ByteWrite，對記憶體的 0x3fA0 處寫入 0x87。20 行將 I2C_EE_ByteRead 讀取 0x3fA0 的數據存到 Read_Data 裡，並利用 uart 傳出 Read_Data 的數值，實驗 A 就完成了，再來看實驗 B：

```
main.c*
22    printf("------------------------------\n\r");
23    printf(" 實驗B，連續寫入和讀出 \n");
24    printf(" 將數據0到63存入陣列裡 \n");
25    /*將數據0到63寫入陣列裡*/
26    for (i=0;i<=63;i++ )
27    {
28      i2c_Buf_Write[i] = i;
29    }
30    printf(" 將陣列數據寫入EEPROM \n");
31    /*將i2c_Buf_Write裡的數據寫入EEPROM裡*/
32    I2C_EE_PageWrite(i2c_Buf_Write,0,64);
33    delay_ms(20);
34    printf(" 將EEPROM數據讀出至i2c_Buf_Read \n\r");
35    I2C_EE_Sequential_Read(i2c_Buf_Read,0,64);
36    printf(" i2c_Buf_Read： \n\r");
37
38    /*透過UART列印出i2c_Buf_Read陣列裡的數值，並比對是否相同*/
39    for (i=0; i<=63; i++)
40    {
41      if(i2c_Buf_Read[i] != i2c_Buf_Write[i])
42      {/*當寫入緩存陣列和讀出陣列的資料不同會顯示錯誤*/
43        printf("0x%02X ", i2c_Buf_Read[i]);
44        printf("錯誤");
45        return 0;
46      }
47      printf("0x%02X ", i2c_Buf_Read[i]);/*相同資料才會列印出來*/
48      if(i%16 == 15)   /*每隔16 byte做換行一次*/
49      {
50        printf("\n\r");
51      }
52    }
53    printf("測試成功\n\r");
54    while (1)
55    {
56    }
57 }
```

25~29 行先將 0~63 的數字資料存入 i2c_Buf_Write 的陣列裡。32 行使用 I2C_EE_PageWrite 將 i2c_Buf_Write 的資料全部寫入 EEPROM 裡。35 行用 I2C_EE_Sequential_Read 讀出記憶體 0~63 的位置裡的數據，並存入 i2c_Buf_Read 陣列裡。36 行後要用 UART 驗證 2 個陣列裡面的資料是否一樣，並將 i2c_Buf_Read[i]這個讀取陣列裡用 uart 傳出，用連接埠的軟體查看 uart 結果如下：

uart 只能驗證資料是否如預期無法看到 I^2C 時序的模樣，作者有將此範例程式用邏輯分析擷取時序，有興趣但沒邏輯分析儀的讀者想查看的話，可以先去下載 Logic2 這個免費軟體，下載網址：https://www.saleae.com/zh-tw/downloads/，載完後可以用此軟體開啟 5.1_EEPROM.sal 檔案來查看時序樣子，用滑鼠滾輪可以縮小和放大來看細部。

5.2 三軸感測器讀寫時序解析（ADXL345）

ADXL345 三軸加速度計非常適合移動設備的相關應用，可傾斜檢測、測量靜態重力加速度，也可以測量運動或衝擊導致的動態加速度。此章節的程式動作式將三個軸的數值用 UART 定時傳出。一樣在上 EEPROM 的 STM32F030CC_I2C 的專案資料夾底下的 User > I2C 底下新增 IIC_ADXL345_Hardware.c、IIC_ADXL345_Hardware.h，之後的 I^2C 範例如溫溼度感測、OLED 也是直接在這下面新增 C 文件和標頭檔。

新增好了開啟專案做好基本的設定，並將 IIC_ADXL345_Hardware.c 此 C
文件新建到左方的目錄，在說明前會搭配 Datasheet 來做講解，先附上
Datasheet 網址：

◆ 英文：https://www.analog.com/media/en/technical-documentation/
data-sheets/ADXL345.pdf

◆ 中文：https://www.analog.com/media/cn/technical-documentation/
data-sheets/ADXL345_cn.pdf

接下來說明程式時會搭配手冊來做重點介紹，提供中文和英文的版本，筆
者建議要中文、英文版交叉著看，不要只看中文版，在使用 ADXL345 之
前，需要先來看看這個 IC 的腳位說明，在第 6 頁：

ADXL345

PIN CONFIGURATION AND FUNCTION DESCRIPTIONS

ADXL345
TOP VIEW
(Not to Scale)

Figure 3. Pin Configuration (Top View)

Table 5. Pin Function Descriptions

Pin No.	Mnemonic	Description
1	$V_{DD\ I/O}$	Digital Interface Supply Voltage.
2	GND	This pin must be connected to ground.
3	RESERVED	Reserved. This pin must be connected to V_S or left open.
4	GND	This pin must be connected to ground.
5	GND	This pin must be connected to ground.
6	V_S	Supply Voltage.
7	$\overline{CS}$	Chip Select.
8	INT1	Interrupt 1 Output.
9	INT2	Interrupt 2 Output.
10	NC	Not Internally Connected.
11	RESERVED	Reserved. This pin must be connected to ground or left open.
12	SDO/ALT ADDRESS	Serial Data Output (SPI 4-Wire)/Alternate I^2C Address Select (I^2C).
13	SDA/SDI/SDIO	Serial Data (I^2C)/Serial Data Input (SPI 4-Wire)/Serial Data Input and Output (SPI 3-Wire).
14	SCL/SCLK	Serial Communications Clock. SCL is the clock for I^2C, and SCLK is the clock for SPI.

1. VDD I/O：數位 IO 口的電壓。

2. GND：接地。

3. RESERVED：接 Vs 或空接都可以。

4. GND：接地。

5. GND：接地。

6. Vs：IC 供應電壓。

7. CS|：芯片選擇腳位（手冊後面有說明接地的話，是使用 SPI 通訊接 VDD，使用 I^2C）。

8. INT1：中斷輸出 1。

9. INT2：中斷輸出 2。

10. NC：內部空接。

11. RESERVED：接 GND 或空接都可以。

12. SDO/ALT ADDRESS：可當 SPI 傳輸的 SDO / 用 I^2C 的話可以決定設備地址。

13. SDA/SDI/SDIO：I^2C 的 SDA。

14. SCL/SCLK：I^2C 的 SCL。

要先大概了解每個腳位的作用是什麼，有些 IC 的腳位狀態會決定從機地址，像 EEPROM 就有 3 隻腳作為決定從機的地址，而這顆 ADXL345 的話是由第 12 腳做決定。來看 IIC_ADXL345_Hardware.h：

IIC_ADXL345_Hardware.h

分為三部分擷取來說介紹。

```
IIC_ADXL345_Hardware.h
 1 #ifndef  __IIC_ADXL345_Hardware_h
 2 #define  __IIC_ADXL345_Hardware_h
 3 #include "stm32f0xx.h"
 4 #include "uart.h"
 5
 6 /*I2C介面定義*/
 7 #define    ADXL345_I2C                  I2C1
 8 #define    ADXL345_I2C_CLK              RCC_APB1Periph_I2C1
 9 #define    ADXL345_I2C_CLK_INIT         RCC_APB1PeriphClockCmd
10
11 #define    ADXL345_I2C_SCL_PIN          GPIO_Pin_9
12 #define    ADXL345_I2C_SCL_GPIO_PORT    GPIOA
13 #define    ADXL345_I2C_SCL_GPIO_CLK     RCC_AHBPeriph_GPIOA
14 #define    ADXL345_I2C_SCL_SOURCE       GPIO_PinSource9
15 #define    ADXL345_I2C_SCL_AF           GPIO_AF_4
16
17 #define    ADXL345_I2C_SDA_PIN          GPIO_Pin_10
18 #define    ADXL345_I2C_SDA_GPIO_PORT    GPIOA
19 #define    ADXL345_I2C_SDA_GPIO_CLK     RCC_AHBPeriph_GPIOA
20 #define    ADXL345_I2C_SDA_SOURCE       GPIO_PinSource10
21 #define    ADXL345_I2C_SDA_AF           GPIO_AF_4
22
```

一樣做好些定義之後，要修改腳位只需來這裡修改就好，再來看暫存器的
映射的定義：

```
IIC_ADXL345_Hardware.h
26
27  #define DEVICE_ID          0X00      /*器件ID,0XE5*/
28  #define THRESH_TAP         0X1D      /*敲擊閾值*/
29  #define OFSX               0X1E      /*X軸偏移*/
30  #define OFSY               0X1F      /*Y軸偏移*/
31  #define OFSZ               0X20      /*Z軸偏移*/
32  #define DUR                0X21      /*敲擊持續時間*/
33  #define Latent             0X22      /*敲擊延遲*/
34  #define Window             0X23      /*敲擊窗口*/
35  #define THRESH_ACK         0X24      /*活動閾值*/
36  #define THRESH_INACT       0X25      /*靜止閾值*/
37  #define TIME_INACT         0X26      /*靜止時間*/
38  #define ACT_INACT_CTL      0X27      /*軸能使能控制活動與靜止檢測*/
39  #define THRESH_FF          0X28      /*自由落體閾值*/
40  #define TIME_FF            0X29      /*自由落體時間*/
41  #define TAP_AXES           0X2A      /*單擊/雙擊軸控制*/
42  #define ACT_TAP_STATUS     0X2B      /*單擊/雙擊源*/
43  #define BW_RATE            0X2C      /*數據速率及功率模式控制*/
44  #define POWER_CTL          0X2D      /*省電控制*/
45  #define INT_ENABLE         0X2E      /*中斷始能控制*/
46  #define INT_MAP            0X2F      /*中斷映射控制*/
47  #define INT_SOURCE         0X30      /*中斷源*/
48  #define DATA_FORMAT        0X31      /*數據閣式控制*/
49  #define DATA_X0            0X32      /*X軸數據0*/
50  #define DATA_X1            0X33      /*X軸數據1*/
51  #define DATA_Y0            0X34      /*Y軸數據0*/
52  #define DATA_Y1            0X35      /*Y軸數據1*/
53  #define DATA_Z0            0X36      /*Z軸數據0*/
54  #define DATA_Z1            0X37      /*Z軸數據1*/
55  #define FIFO_CTL           0X38      /*FIFO控制*/
56  #define FIFO_STATUS        0X39      /*FIFOD狀態*/
57
```

上圖這些是 ADXL345 內的暫存器映射地址，在手冊的 23 頁：

Data Sheet   ADXL345

REGISTER MAP

Table 19.

| Address | | Name | Type | Reset Value | Description |
Hex	Dec				
0x00	0	DEVID	R	11100101	Device ID
0x01 to 0x1C	1 to 28	Reserved			Reserved; do not access
0x1D	29	THRESH_TAP	R/W	00000000	Tap threshold
0x1E	30	OFSX	R/W	00000000	X-axis offset
0x1F	31	OFSY	R/W	00000000	Y-axis offset
0x20	32	OFSZ	R/W	00000000	Z-axis offset
0x21	33	DUR	R/W	00000000	Tap duration
0x22	34	Latent	R/W	00000000	Tap latency
0x23	35	Window	R/W	00000000	Tap window
0x24	36	THRESH_ACT	R/W	00000000	Activity threshold
0x25	37	THRESH_INACT	R/W	00000000	Inactivity threshold
0x26	38	TIME_INACT	R/W	00000000	Inactivity time
0x27	39	ACT_INACT_CTL	R/W	00000000	Axis enable control for activity and inactivity detection
0x28	40	THRESH_FF	R/W	00000000	Free-fall threshold
0x29	41	TIME_FF	R/W	00000000	Free-fall time
0x2A	42	TAP_AXES	R/W	00000000	Axis control for single tap/double tap
0x2B	43	ACT_TAP_STATUS	R	00000000	Source of single tap/double tap
0x2C	44	BW_RATE	R/W	00001010	Data rate and power mode control
0x2D	45	POWER_CTL	R/W	00000000	Power-saving features control
0x2E	46	INT_ENABLE	R/W	00000000	Interrupt enable control
0x2F	47	INT_MAP	R/W	00000000	Interrupt mapping control
0x30	48	INT_SOURCE	R	00000010	Source of interrupts
0x31	49	DATA_FORMAT	R/W	00000000	Data format control
0x32	50	DATAX0	R	00000000	X-Axis Data 0
0x33	51	DATAX1	R	00000000	X-Axis Data 1
0x34	52	DATAY0	R	00000000	Y-Axis Data 0
0x35	53	DATAY1	R	00000000	Y-Axis Data 1
0x36	54	DATAZ0	R	00000000	Z-Axis Data 0
0x37	55	DATAZ1	R	00000000	Z-Axis Data 1
0x38	56	FIFO_CTL	R/W	00000000	FIFO control
0x39	57	FIFO_STATUS	R	00000000	FIFO status

這裡有所有暫存器位置的映射，範例只使用到部分暫存器，而每個暫存器所對應的功能、或可以寫入怎樣的數據都在這表格的後方，例如第一個 0x00 所代表的意義為回傳 Device ID，往下一頁可看到：

ADXL345

REGISTER MAP

REGISTER DEFINITIONS

Register 0x00—DEVID (Read Only)

Table 20. Register 0x00

D7	D6	D5	D4	D3	D2	D1	D0
1	1	1	0	0	1	0	1

The DEVID register holds a fixed device ID code of 0xE5 (345 octal).

Register 0x1D—THRESH_TAP (Read/Write)

The THRESH_TAP register is eight bits and holds the threshold value for tap interrupts. The data format is unsigned, therefore, the magnitude of the tap event is compared with the value in THRESH_TAP for normal tap detection. The scale factor is 62.5 mg/LSB (that is, 0xFF = 16 g). A value of 0 may result in undesirable behavior if single tap/double tap interrupts are enabled.

Register 0x1E, Register 0x1F, Register 0x20— OFSX, OFSY, OFSZ (Read/Write)

The OFSX, OFSY, and OFSZ registers are each eight bits and offer user-set offset adjustments in twos complement format with a scale factor of 15.6 mg/LSB (that is, 0x7F = 2 g). The value stored in the offset registers is automatically added to the acceleration data, and the resulting value is stored in the output data registers. For additional information regarding offset calibration and the use of the offset registers, refer to the Offset Calibration section.

Register 0x24—THRESH_ACT (Read/Write)

The THRESH_ACT register is eight bits and holds the threshold value for detecting activity. The data format is unsigned, so the magnitude of the activity event is compared with the value in the THRESH_ACT register. The scale factor is 62.5 mg/LSB. A value of 0 may result in undesirable behavior if the activity interrupt is enabled.

Register 0x25—THRESH_INACT (Read/Write)

The THRESH_INACT register is eight bits and holds the threshold value for detecting inactivity. The data format is unsigned, so the magnitude of the inactivity event is compared with the value in the THRESH_INACT register. The scale factor is 62.5 mg/LSB. A value of 0 may result in undesirable behavior if the inactivity interrupt is enabled.

Register 0x26—TIME_INACT (Read/Write)

The TIME_INACT register is eight bits and contains an unsigned time value representing the amount of time that acceleration must be less than the value in the THRESH_INACT register for inactivity to be declared. The scale factor is 1 sec/LSB. Unlike the other interrupt functions, which use unfiltered data (see the Threshold section), the inactivity function uses filtered output data. At least one output sample must be generated for the inactivity interrupt to be triggered. This results in the function appearing unresponsive if the TIME_INACT register is set to a value less than the time constant of the output data rate. A value of 0 results in an interrupt when the output data is less than the value in the THRESH_INACT

從這表格後開始將對所有暫存器做詳細的介紹並說明如何使用。像上圖框起處 0x00 這個暫存器是唯讀的，對這個位置做讀取會回傳值 0xE5，用做檢查 ADXL345 從機是否在總線上、或有無正常的通訊環境。

```
 IIC_ADXL345_Hardware.h*
41  #define TAP_AXES           0X2A      /*單擊/雙擊軸控制*/
42  #define ACT_TAP_STATUS     0X2B      /*單擊/雙擊源*/
43  #define BW_RATE            0X2C      /*數據速率及功率模式控制*/
44  #define POWER_CTL          0X2D      /*省電控制*/
45  #define INT_ENABLE         0X2E      /*中斷始能控制*/
46  #define INT_MAP            0X2F      /*中斷映射控制*/
47  #define INT_SOURCE         0X30      /*中斷源*/
48  #define DATA_FORMAT        0X31      /*數據閘式控制*/
49  #define DATA_X0            0X32      /*X軸數據0*/
50  #define DATA_X1            0X33      /*X軸數據1*/
51  #define DATA_Y0            0X34      /*Y軸數據0*/
52  #define DATA_Y1            0X35      /*Y軸數據1*/
53  #define DATA_Z0            0X36      /*Z軸數據0*/
54  #define DATA_Z1            0X37      /*Z軸數據1*/
55  #define FIFO_CTL           0X38      /*FIFO控制*/
56  #define FIFO_STATUS        0X39      /*FIFOD狀態*/
57
58 /*
59    如果ALT ADDRESS腳(12腳)接地,ADXL位址為0X53(不包含最低位).
60    如果接V3.3,則ADXL位址為0X1D(不包含最低位).
61    因為開發板接V3.3,所以轉為讀寫位址後,為0X3B和0X3A(如果接GND,則為0XA7和0XA6)
62 */
63 #define ADXL345_ADDRESS         0xA6
64
65 /*配置工具:= (STSW-STM32126),for the STM32F3xxxx and STM32F0xxxx microcontroller families.
66    配置為主模式的快速模式400KHz,I2C時鐘來源頻率為48MHz,開啟類比濾波
67    數字濾波器係數為0,上升時間200ns,下降時間100ns(ADXL345手冊說明上升時間和下降時間上限300ns)
68 */
69 #define ADXL345_Timing_Value    0x00E01847
70
71  uint8_t ADXL345_Write_Register(uint8_t addr,uint8_t val);  /*寫入函式*/
72  uint8_t ADXL345_Read_Register(uint8_t addr);  /*讀取函式*/
73  uint8_t ADXL345_I2C_Init(void);        /*初始化i2c腳位、設定ADXL345參數*/
74  void ADXL345_xyz_Printf_test(void);  /*三軸數據利用UART傳出*/
75  #endif /*IIC_ADXL345_Hardware_h*/
76
```

63 行為此 ADXL345 的從機地址的說明，在 17 頁的 I²C 說明有提到：

SERIAL COMMUNICATIONS

I²C

With $\overline{CS}$ tied high to $V_{DD\ I/O}$, the ADXL345 is in I²C mode, requiring a simple 2-wire connection, as shown in Figure 40. The ADXL345 conforms to the *UM10204 I²C-Bus Specification and User Manual*, Rev. 03—19 June 2007, available from NXP Semiconductors. It supports standard (100 kHz) and fast (400 kHz) data transfer modes if the bus parameters given in Table 11 and Table 12 are met. Single- or multiple-byte reads/writes are supported, as shown in Figure 41. With the ALT ADDRESS pin high, the 7-bit I²C address for the device is 0x1D, followed by the R/$\overline{W}$ bit. This translates to 0x3A for a write and 0x3B for a read. An alternate I²C address of 0x53 (followed by the R/$\overline{W}$ bit) can be chosen by grounding the SDO/ALT ADDRESS pin (Pin 12). This translates to 0xA6 for a write and 0xA7 for a read.

解釋框起的部分，首先第一行說明 CS 腳拉高電位是使用 I²C 模式，再來看下半部的部份，這裡面是在說當

◆ Pin 12 接 VDD 時設備地址是 0x1D，寫是 0x3A、讀是 0x3B

◆ Pin 12 接 GND 時設備地址是 0x53，寫是 0xA6、讀是 0xA7

這邊要提個 I²C 從機地址的觀念，目前感測器用 I²C 讀取的設備地址幾乎都是 7bit，第 8bit 決定要讀還是寫可以看上面，0x53 左移一位就是 0xA6，在加個 1 就是讀取，不理解的話可以看這 2 進制的位移 0x53(0101 0011)左移一位後 0xA6(1010 0110)，數位邏輯的概念。

再來看 IIC_ADXL345_Hardware.c 要如何實現寫入、讀取還有測試的函式。

IIC_ADXL345_Hardware.c

分成四段做介紹：

```
IIC_ADXL345_Hardware.c*
1   #include "IIC_ADXL345_Hardware.h"
2   #include "SysTick.h"
3   static __IO uint32_t  I2CTimeout = I2CT_LONG_TIMEOUT;        /*宣告i2c等待時間的變數*/
4   static uint32_t I2C_TIMEOUT_UserCallback(uint8_t errorCode);/*定義i2c等待時間的UART回傳功能函式*/
5
6   static void I2C_Config(void)
7 □{
8       /******I2C的GPIO配置******/
9       GPIO_InitTypeDef  GPIO_InitStructure;
10      RCC_AHBPeriphClockCmd(ADXL345_I2C_SCL_GPIO_CLK,ENABLE);
11      GPIO_InitStructure.GPIO_Pin = ADXL345_I2C_SCL_PIN | ADXL345_I2C_SDA_PIN;
12      GPIO_InitStructure.GPIO_Mode = GPIO_Mode_AF;
13      GPIO_InitStructure.GPIO_Speed = GPIO_Speed_Level_3;
14      GPIO_InitStructure.GPIO_OType = GPIO_OType_OD;
15      GPIO_InitStructure.GPIO_PuPd = GPIO_PuPd_NOPULL;
16      GPIO_Init(ADXL345_I2C_SDA_GPIO_PORT, &GPIO_InitStructure);
17
18      GPIO_PinAFConfig(ADXL345_I2C_SCL_GPIO_PORT,ADXL345_I2C_SCL_SOURCE,ADXL345_I2C_SCL_AF);
19      GPIO_PinAFConfig(ADXL345_I2C_SDA_GPIO_PORT,ADXL345_I2C_SDA_SOURCE,ADXL345_I2C_SDA_AF);
20
21      /******I2C的功能配置******/
22      I2C_InitTypeDef  I2C_InitStructure;
23      RCC_I2CCLKConfig(RCC_I2C1CLK_SYSCLK);
24      ADXL345_I2C_CLK_INIT(ADXL345_I2C_CLK, ENABLE);              /*開啟I2C的時鐘*/
25      I2C_InitStructure.I2C_Timing=ADXL345_Timing_Value;
26      I2C_InitStructure.I2C_AnalogFilter=I2C_AnalogFilter_Enable;
27      I2C_InitStructure.I2C_DigitalFilter=0;
28      I2C_InitStructure.I2C_Mode=I2C_Mode_I2C;
29      I2C_InitStructure.I2C_OwnAddress1=0;
30      I2C_InitStructure.I2C_Ack=I2C_Ack_Enable;
31      I2C_InitStructure.I2C_AcknowledgedAddress=I2C_AcknowledgedAddress_7bit;
32
33      I2C_Init(ADXL345_I2C, &I2C_InitStructure);
34
35      I2C_Cmd(ADXL345_I2C,ENABLE);
36      I2C_AcknowledgeConfig(ADXL345_I2C,ENABLE);
37 └}
```

第 6 行到 37 行的 static void I2C_Config(void)，此功能函式為 I^{2}C 的初始化設定，跟 EEPROM 地方是一樣的就不再重複說明。

```
IIC_ADXL345_Hardware.c*
38 ┌/*
39     對ADXL345內暫存器寫入資料
40     uint8_t addr：為ADXL345的內部暫存器地址
41     uint8_t val：為要寫入的數據
42 └*/
43  uint8_t ADXL345_Write_Register(uint8_t addr,uint8_t val)
44 ┌{
45     /*確認I2C非忙碌狀態*/
46     I2CTimeout = I2CT_FLAG_TIMEOUT;
47     while(I2C_GetFlagStatus(ADXL345_I2C,I2C_FLAG_BUSY) != RESET)
48 ┌    {
49       if((I2CTimeout--) == 0) return I2C_TIMEOUT_UserCallback(1);
50 └    }
51     /*I2C非忙碌狀態後來發起1個起始訊號並呼叫從機*/
52     I2C_TransferHandling(I2C1,ADXL345_ADDRESS,2,I2C_AutoEnd_Mode,I2C_Generate_Start_Write);
53     /*確認發送端暫存器為空*/
54     I2CTimeout = I2CT_FLAG_TIMEOUT;
55     while(I2C_GetFlagStatus(ADXL345_I2C,I2C_FLAG_TXIS) == RESET)
56 ┌    {
57       if((I2CTimeout--) == 0) return I2C_TIMEOUT_UserCallback(2);
58 └    }
59     I2C_SendData(I2C1,addr);  /*發送內部暫存器地址*/
60     /*確認發送端暫存器為空*/
61     I2CTimeout = I2CT_FLAG_TIMEOUT;
62     while(I2C_GetFlagStatus(ADXL345_I2C,I2C_FLAG_TXIS) == RESET)
63 ┌    {
64       if((I2CTimeout--) == 0) return I2C_TIMEOUT_UserCallback(3);
65 └    }
66     I2C_SendData(I2C1,val);  /*發送數據*/
67     return 0;
68 }
69
```

這寫入的時序比 EEPROM 來得簡單些，寫入時序在手冊裡的 17 頁：

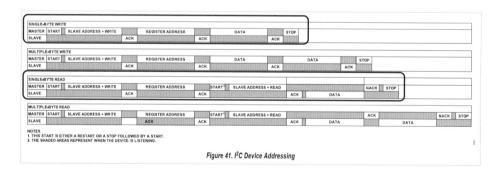

Figure 41. I^{2}C Device Addressing

第一個框起來的部分跟 ADXL345_Write_Register(uint8_t addr,uint8_t val) 此功能函式是對應的，有符合手冊所要求的格式，再來是讀的部分為第 2 個框起來的，對應 ADXL345_Read_Register(uint8_t addr) 此功能函式：

```
IIC_ADXL345_Hardware.c*
70 /*
71    對ADXL345內暫存器讀取資料
72    uint8_t addr：為ADXL345的內部暫存器地址
73 */
74 uint8_t ADXL345_Read_Register(uint8_t addr)
75 {
76    uint8_t Read_Data=0;
77    /*確認I2C非忙碌狀態*/
78    I2CTimeout = I2CT_FLAG_TIMEOUT;
79    while(I2C_GetFlagStatus(ADXL345_I2C,I2C_FLAG_BUSY) != RESET)
80    {
81        if((I2CTimeout--) == 0) return I2C_TIMEOUT_UserCallback(5);
82    }
83    /*I2C非忙碌狀態後來發起1個起始訊號並呼叫從機*/
84    I2C_TransferHandling(ADXL345_I2C,ADXL345_ADDRESS,1,I2C_SoftEnd_Mode ,I2C_Generate_Start_Write);
85    /*確認發送端暫存器為空*/
86    I2CTimeout = I2CT_FLAG_TIMEOUT;
87    while(I2C_GetFlagStatus(ADXL345_I2C,I2C_FLAG_TXIS) == RESET)
88    {
89        if((I2CTimeout--) == 0) return I2C_TIMEOUT_UserCallback(6);
90    }
91    I2C_SendData(I2C1,addr);   /*發送內部暫存器地址*/
92    /*確認發送端暫存器為空*/
93    I2CTimeout = I2CT_FLAG_TIMEOUT;
94    while(I2C_GetFlagStatus(ADXL345_I2C,I2C_FLAG_TC) == RESET)
95    {
96        if((I2CTimeout--) == 0) return I2C_TIMEOUT_UserCallback(7);
97    }
98    /*--------再次發送開始訊號並使用讀取命令，讀取byte數為：1--------*/
99    I2C_TransferHandling(ADXL345_I2C,ADXL345_ADDRESS,1,I2C_AutoEnd_Mode,I2C_Generate_Start_Read);
100   /*確認發送端暫存器為空*/
101   I2CTimeout = I2CT_FLAG_TIMEOUT;
102   while(I2C_GetFlagStatus(ADXL345_I2C,I2C_FLAG_RXNE) !=SET)
103   {
104       if((I2CTimeout--) == 0) return I2C_TIMEOUT_UserCallback(8);
105   }
106   Read_Data = I2C_ReceiveData(ADXL345_I2C);   /*存取接收到的資料夾*/
107   return Read_Data; /*此讀取函式會將讀取到的資料回傳*/
108 }
```

此段跟 EEPROM 的 Byte Read 相似，差在於內部的暫存地址 EEPROM 要連續發兩個位置，而這三軸只需發一個內部暫存地址，接著重要的 ADXL345_I2C_Init(void) 初始化函式：

```
IIC_ADXL345_Hardware.c
110 uint8_t ADXL345_I2C_Init(void)
111 {
112    I2C_Config();
113    delay_ms(2);
114    /*讀取三軸內部暫存地址0x00來確認是否會回傳0xE5*/
115    if(ADXL345_Read_Register(DEVICE_ID) == 0xE5)
116    {
117        ADXL345_Write_Register(DATA_FORMAT,0X2B);    //**0x31** 低電平中斷輸出,13位元全解析度,輸出資料右對齊,16g量程
118        ADXL345_Write_Register(BW_RATE,0x0A);         //**0x2C** 資料輸出速度為400Hz    0A    100HZ
119        ADXL345_Write_Register(POWER_CTL,0x28);       //**0x2D** 連續使能,測量模式
120        ADXL345_Write_Register(INT_ENABLE,0x00);      //不使用中斷
121        /*-----------偏移寄存器-----------*/
122        //算法    1LSB=15.6mg
123        //先算偏移多少個LSB在,用2's表示首號
124        ADXL345_Write_Register(OFSX,0x00);
125        ADXL345_Write_Register(OFSY,0x00);
126        ADXL345_Write_Register(OFSZ,0x00);
127        printf("ADXL345 初始化完畢\r\n");
128    }
129    else
130    {
131        printf("找不到ADXL345");
132    }
133    return 1;
134 }
```

112 行為使用上方所編的 I²C 初始化功能函式。115 行為確認是否 ADXL345 有在 I²C bus 上，不在 bus 上就不做 117~124 行的設定三軸感測器的動作。這邊有許多設定，筆者只挑 117 行出來做介紹，其他的部分要請讀者自己閱讀了，原理不複雜只須看懂手冊即可。117 行的動作是對三軸感測器的 DATA_FORMAT（0x31）寫入 0x2B，而 DATA_FORMAT 這個暫存器說明可看中文手冊的 26~27 頁處：

寄存器0x31—DATA_FORMAT(读/写)

D7	D6	D5	D4	D3	D2	D1	D0
自测	SPI	INT_INVERT	0	FULL_RES	对齐	范围	

DATA_FORMAT寄存器通过寄存器0x37控制寄存器0x32的数据显示。除±16 g范围以外的所有数据必须剪除，避免翻覆。

SELF_TEST位

SELF_TEST位设置为1，自测力应用至传感器，造成输出数据转换。值为0时，禁用自测力。

SPI位

SPI位值为1，设置器件为3线式SPI模式，值为0，则设置为4线式SPI模式。

上圖這有說到 8 bit 個別的意義可讀可寫，這邊我是設定 0x2B 轉為 2 進制為 0010 1011，這樣比對一下就知道我設定什麼模式了。117~126 行都是在設定三軸感測器所要使用的參數，這部分請讀者細讀，設定完成就可以開始撰寫測試函式了：

```
IC_ADXL345_Hardware.c
135  void ADXL345_xyz_Printf_test(void)
136 □{
137    int xla, xha, yla, yha, zla, zha;
138    float x, y, z;
139    xla=ADXL345_Read_Register(0x32);// 取得 X 軸 低位元資料
140    xha=ADXL345_Read_Register(0x33);// 取得 X 軸 高位元資料
141    x = (((short)(xha << 8)) + xla) / 256.0;
142    yla=ADXL345_Read_Register(0x34);// 取得 Y 軸 低位元資料
143    yha=ADXL345_Read_Register(0x35);// 取得 Y 軸 高位元資料
144    y = (((short)(yha << 8)) + yla) / 256.0;
145    zla=ADXL345_Read_Register(0x36);// 取得 Z 軸 低位元資料
146    zha=ADXL345_Read_Register(0x37);// 取得 Y 軸 高位元資料
147    z = (((short)(zha << 8)) + zla) / 256.0;
148    printf("X=%.3f Y=%.3f Z=%.3f\r\n",x,y,z);
149  }
```

此函式是撰寫在 IIC_ADXL345_Hardware.c 裡，137 行先宣告三軸的高位和低位後，139 行宣告 x、y、z 浮點變數來存儲由高八位和低八位的三軸數值，在主程式的地方只需呼叫這一 ADXL345_xyz_Printf_test() 函式即可，最後看到 main.c：

main.c

```
main.c*
1  #include "main.h"
2  #include "SysTick.h"
3  #include "uart.h"
4  #include "IIC_EEPROM_Hardware.h"
5  #include "IIC_ADXL345_Hardware.h"
6  int main(void)
7  {
8     SysTick_Init(48);        /*滴答計時器*/
9     UART_Config();           /*UART2初始化*/
10    //AT24C128_Init();       /*初始化AT24C128的I2C1*/
11    ADXL345_I2C_Init();      /*初始化ADXL345的I2C1和參數*/
12    delay_ms(2);
13
14    while (1)
15    {
16       ADXL345_xyz_Printf_test();
17       delay_ms(500);
18    }
19 }
20
```

11 行使用剛剛所撰寫的 ADXL345 初始化函式，接者 While 無窮迴圈每 0.5 秒用 uart 傳出數值，使用 USB to TTL 的模組連接上電腦，驗證如右：

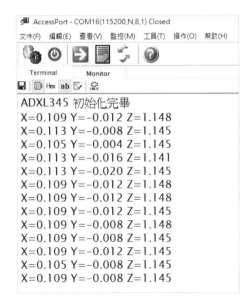

5-35

正常結果會如上圖，但如何知道這個數值是正確的？這要看手冊的倒數第二頁後面有標示各個方位的 X、Y、Z 分別為多少：

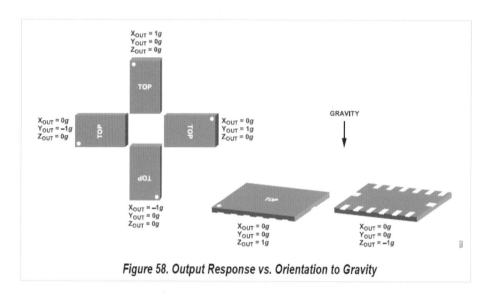

Figure 58. Output Response vs. Orientation to Gravity

這張圖表示了六個方位的數值，uart 驗證時看到的是接近 X=0、Y=0、Z=1 是放置在平面的狀態，可驗證看看是否六個方位都為手冊上的數值，有擷取邏輯分析儀紀錄 I²C 傳輸的時序，有興趣的讀者可以打開 5.2_ADXL345.sal 檔案來查看。

5.3 溫溼度感測器讀寫時序解析（SI7021）

SI7021 是一個高精度的濕度和溫度的感測器，此晶片體積很微小，長寬高為 3*3*1.21 mm，只需四條線即可使用 VDD、GND、SCL、SDA 使用 I²C 來進行讀取數值，工作電壓為 1.9 V~3.6，可檢測 0~80% 的相對濕度範圍精度±3% RH，溫度範圍為 -10~85°C，建議工作的環境條件 0~100% 的相對溼度、-40~120 的相對溫度，假設超過可檢測的範圍，不會影響工作但會失去原有的精準度，SI7021 手冊下載網址：

https://www.silabs.com/documents/public/data-sheets/Si7021-A20.pdf

Si7021-A20

I²C HUMIDITY AND TEMPERATURE SENSOR

Features

- Precision Relative Humidity Sensor
  - ± 3% RH (max), 0–80% RH
- High Accuracy Temperature Sensor
  - ±0.4 °C (max), −10 to 85 °C
- 0 to 100% RH operating range
- Up to −40 to +125 °C operating range
- Wide operating voltage (1.9 to 3.6 V)
- Low Power Consumption
  - 150 µA active current
  - 60 nA standby current

- Factory-calibrated
- I²C Interface
- Integrated on-chip heater
- 3x3 mm DFN Package
- Excellent long term stability
- Optional factory-installed cover
  - Low-profile
  - Protection during reflow
  - Excludes liquids and particulates

Ordering Information:
See page 29.

Applications

- HVAC/R
- Thermostats/humidistats
- Respiratory therapy
- White goods
- Indoor weather stations
- Micro-environments/data centers
- Automotive climate control and defogging
- Asset and goods tracking
- Mobile phones and tablets

Description

The Si7021 I²C Humidity and Temperature Sensor is a monolithic CMOS IC integrating humidity and temperature sensor elements, an analog-to-digital converter, signal processing, calibration data, and an I²C Interface. The patented use of industry-standard, low-K polymeric dielectrics for sensing humidity enables the construction of low-power, monolithic CMOS Sensor ICs with low drift and hysteresis, and excellent long term stability.

The humidity and temperature sensors are factory-calibrated and the calibration data is stored in the on-chip non-volatile memory. This ensures that the sensors are fully interchangeable, with no recalibration or software changes required.

Pin Assignments

Top View

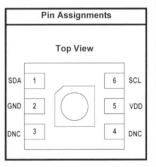

Patent Protected. Patents pending

上圖這個 si7021 這顆溫溼度 ic 的手冊第一頁，做了簡單的規格介紹如圖上方的描述，這顆模組電子零件行大多有賣，上圖右下角有看到一張 IC 的腳位圖，Pin 3、Pin 4 腳為 DNC 為不使用的腳位，手冊的 28 頁的 7. Pin Descriptions 可以看到腳位說明：

Si7021-A20

7. Pin Descriptions: Si7021 (Top View)

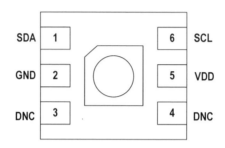

Pin Name	Pin #	Pin Description
SDA	1	I^2C data
GND	2	Ground. This pin is connected to ground on the circuit board through a trace. Do not connect directly to GND plane.
VDD	5	Power. This pin is connected to power on the circuit board.
SCL	6	I^2C clock
DNC	3,4	These pins should be soldered to pads on the PCB for mechanical stability; they can be electrically floating or tied to V_{DD} (do not tie to GND).
T_{GND}	Paddle	This pad is connected to GND internally. This pad is the main thermal input to the on-chip temperature sensor. The paddle should be soldered to a floating pad.

主要使用 1、2、5、6 這四隻腳位，而 3、4 腳的說明是指可接到 VDD 或是不做連結，但不能接上 GND。而表格最下面的 T_{GND} 是晶片六個腳位正中間的焊盤，右邊的說明是說這個焊盤主要是溫度的輸入，內部是接地，這邊建議浮空接上電路板上的焊盤。了解這顆 si7021 的腳位後，接著看看這顆 IC 的 I^2C 設備地址為多少，在手冊的 5. I^2C Interface 裡有對此 IC 的 I^2C 接口做說明：

5. I²C Interface

The Si7021 communicates with the host controller over a digital I²C interface. The 7-bit base slave address is 0x40.

Table 10. I²C Slave Address Byte

A6	A5	A4	A3	A2	A1	A0	R/W
1	0	0	0	0	0	0	0

Master I²C devices communicate with the Si7021 using a command structure. The commands are listed in the I²C command table. Commands other than those documented below are undefined and should not be sent to the device.

Table 11. I²C Command Table

Command Description	Command Code
Measure Relative Humidity, Hold Master Mode	0xE5
Measure Relative Humidity, No Hold Master Mode	0xF5
Measure Temperature, Hold Master Mode	0xE3
Measure Temperature, No Hold Master Mode	0xF3
Read Temperature Value from Previous RH Measurement	0xE0
Reset	0xFE
Write RH/T User Register 1	0xE6
Read RH/T User Register 1	0xE7
Write Heater Control Register	0x51
Read Heater Control Register	0x11
Read Electronic ID 1st Byte	0xFA 0x0F
Read Electronic ID 2nd Byte	0xFC 0xC9
Read Firmware Revision	0x84 0xB8

可以看到此 IC 的 Slave Address Byte 為 1000 0000b 轉換為 16 進制為 0x80，這顆 IC 不能像 EEPROM 可以決定地址，上圖下方的表格是說明這顆 IC 內部有哪些暫存器可以讀或寫，像 0xE5 讀取濕度的保持主控模式、0xE3 為讀取溫度的保持主控模式，範例程式也會針對這兩個暫存器去讀寫，其他暫存器 0xE6 為寫入使用者暫存器，0xE7 為讀取使用者暫存器，這顆 IC 只有 2 個控制暫存器可做寫入：①使用者暫存器、②加熱器的功率，暫存器的功能說在手冊的 6.1 Register Descriptions 裡面有做介紹，先看 0xE6 的使用者控制暫存器：

6.1. Register Descriptions

Register 1. User Register 1

Bit	D7	D6	D5	D4	D3	D2	D1	D0
Name	RES1	VDDS	RSVD	RSVD	RSVD	HTRE	RSVD	RES0
Type	R/W	R	R/W	R/W		R/W	R/W	R/W

Reset Settings = 0011_1010

Bit	Name	Function
D7; D0	RES[1:0]	Measurement Resolution: RH Temp 00: 12 bit 14 bit 01: 8 bit 12 bit 10: 10 bit 13 bit 11: 11 bit 11 bit
D6	VDDS	V_{DD} Status: 0: V_{DD} OK 1: V_{DD} Low The minimum recommended operating voltage is 1.9 V. A transition of the V_{DD} status bit from 0 to 1 indicates that V_{DD} is between 1.8 V and 1.9 V. If the V_{DD} drops below 1.8 V, the device will no longer operate correctly.
D5, D4, D3	RSVD	Reserved
D2	HTRE	1 = On-chip Heater Enable 0 = On-chip Heater Disable
D1	RSVD	Reserved

表格在描述 User Register 1 內部暫存器可設定的參數，表格中間有 Reset Settings=0011_1010，這是表示說預設的數值，只有 D6 是唯讀不可寫的，僅供檢查用，這數值帶到表格下方的 D7~D0 可整理出以下設定：濕度解析度為 12 bit、溫度解析度為 14 bit、開啟加熱器（可防止感測晶片上的霧氣）。再往下一頁看 0x51 暫存器：

Register 2. Heater Control Register

Bit	D7	D6	D5	D4	D3	D2	D1	D0
Name	RSVD				Heater [3:0]			
Type	R/W				R/W			

Reset Settings = 0000_0000

Bit	Name	Function				
D3:D0	HEATER[3:0]	D3	D2	D1	D0	Heater Current
		0	0	0	0	3.09 mA
		0	0	0	1	9.18 mA
		0	0	1	0	15.24 mA
				...		
		0	1	0	0	27.39 mA
				...		
		1	0	0	0	51.69 mA
				...		
		1	1	1	1	94.20 mA
D7,D6, D5,D4	RSVD	Reserved				

Heater Control Register 暫存器是在控制加熱器的電流大小，預設數值為 3.09 mA 最小的電流，後面的範例程式不會去做這些設定，都使用預設的數值即可，接著來看一下這顆 SI7021 資料手冊所推薦的應用電路，在 2. Typical Application Circuits：

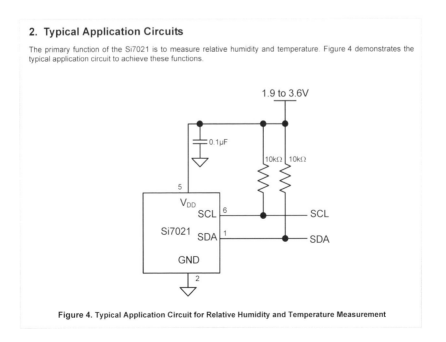

2. Typical Application Circuits

The primary function of the Si7021 is to measure relative humidity and temperature. Figure 4 demonstrates the typical application circuit to achieve these functions.

Figure 4. Typical Application Circuit for Relative Humidity and Temperature Measurement

官方所推薦的電路上拉電阻為 10kΩ，並在 V_{DD} 附近加個 0.1 μF 的濾波電容，了解應用電路後，接著實際看範例程式和讀取的時序，來看看此 IC 時序的規則：

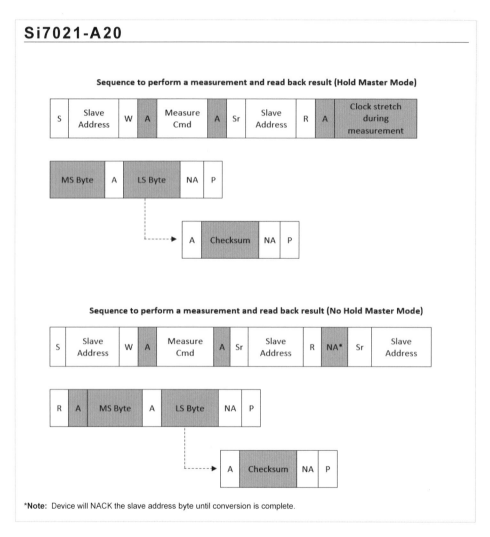

IC 的時序部分只有這兩個讀取時數可以供選擇：①Hold Master Mode、②No Hold Master Mode，這邊選擇用什麼模式都可以，沒什麼絕對的選擇條件，範例程式以 No Hold Master Mode 展示，在上面時序圖的下方的部分，這模式的時序較特殊，一次讀出數據需要發送出三個起始訊號，但本讀寫規格還是照著我們前面所介紹的，先依序介紹要發送的時序：

1. 開始訊號、發起裝置地址並使用寫命令（Slave Address）

2. 發送測量命令（Measure Cmd）

3. 開始訊號、發起裝置地址並使用讀命令（Slave Address）

4. 需要等待轉換溫濕度的時間（約 20ms）

5. 開始訊號、發起裝置地址並使用讀命令（Slave Address）

6. 接受數據高 8 bit（MS Byte）

7. 接收數據低 8 bit（LS Byte）

第 4 個等待轉換時間的在手冊裡的 Table 2. General Specifications（Continued）：

Table 2. General Specifications (Continued)
1.9 < V_DD < 3.6 V; T_A = –40 to 85 °C (G grade) or –40 to 125 °C (I/Y grade); default conversion time unless otherwise noted.

Parameter	Symbol	Test Condition	Min	Typ	Max	Unit
Conversion Time[1]	t_{CONV}	12-bit RH	—	10	12	ms
		11-bit RH	—	5.8	7	
		10-bit RH	—	3.7	4.5	
		8-bit RH	—	2.6	3.1	
		14-bit temperature	—	7	10.8	
		13-bit temperature	—	4	6.2	
		12-bit temperature	—	2.4	3.8	
		11-bit temperature	—	1.5	2.4	
Powerup Time	t_{PU}	From V_DD ≥ 1.9 V to ready for a conversion, 25 °C	—	18	25	ms
		From V_DD ≥ 1.9 V to ready for a conversion, full temperature range	—	—	80	
		After issuing a software reset command	—	5	15	

Notes:
1. Initiating a RH measurement will also automatically initiate a temperature measurement. The total conversion time will be $t_{CONV}(RH) + t_{CONV}(T)$.
2. No conversion or I²C transaction in progress. Typical values measured at 25 °C.
3. Occurs once during powerup. Duration is <5 msec.
4. Occurs during I²C commands for Reset, Read/Write User Registers, Read EID, and Read Firmware Version. Duration is <100 μs when I²C clock speed is >100 kHz (>200 kHz for 2-byte commands).
5. Additional current consumption when HTRE bit enabled. See Section "5.5. Heater" for more information.

上圖框起處為溫度和濕度各個參數的轉換時間，此章節的範例程式濕度是使用 12-bit 解析度、溫度是使用 14-bit 解析度，這樣兩個轉換時間最久約為 23 毫秒，最短的等待時間為 17 毫秒，這等待時間不可少不然會無法取出正確數值，接著看範例程式：

IIC_SI7021_Hardware.h

```
   IIC_SI7021_Hardware.h*
 1  #ifndef __IIC_SI7021_Hardware_h
 2  #define __IIC_SI7021_Hardware_h
 3  #include "stm32f0xx.h"
 4
 5  #define    SI7021_I2C               I2C1
 6  #define    SI7021_I2C_CLK           RCC_APB1Periph_I2C1
 7  #define    SI7021_I2C_CLK_INIT      RCC_APB1PeriphClockCmd
 8
 9  #define    SI7021_I2C_PORT          GPIOA
10  #define    SI7021_I2C_GPIO_CLK      RCC_AHBPeriph_GPIOA
11
12  #define    SI7021_I2C_SCL_PIN       GPIO_Pin_9
13  #define    SI7021_I2C_SCL_SOURCE    GPIO_PinSource9
14  #define    SI7021_I2C_SCL_AF        GPIO_AF_4
15
16  #define    SI7021_I2C_SDA_PIN       GPIO_Pin_10
17  #define    SI7021_I2C_SDA_SOURCE    GPIO_PinSource10
18  #define    SI7021_I2C_SDA_AF        GPIO_AF_4
19
20  /*確認I2C旗標狀態等待時間*/
21  #define    I2CT_FLAG_TIMEOUT        ((uint32_t)0x1000)
22  #define    I2CT_LONG_TIMEOUT        ((uint32_t)(10 * I2CT_FLAG_TIMEOUT))
23
24  /*配置工具：= (STSW-STM32126)
25     配置為主模式的快速模式400KHz，I2C時鐘來源頻率為48MHz，開啟類比濾波
26     數字濾波器係數為0，上升時間200ns，
27     下降時間100ns (ADXL345手冊標明上升時間和下降時間上限300ns)
28  */
29  #define    SI7021_Timing_Value        0x00E01847
30
31  #define    SI7021_ADDRESS                  0X80   /*SI7021從機地址*/
32  #define    Humidity_No_Hold_Master_Mode    0xF5   /*濕度非持續主模式*/
33  #define    Temperature_No_Hold_Master_Mode 0xF3   /*溫度非持續主模式*/
34
35  void SI7021_Init(void);                          /*初始化I2C*/
36  uint16_t SI7021_ReadOneByte(uint8_t Measure_CMD); /*讀取函式*/
37  int16_t SI7021_Read_Humidity(void);              /*讀取濕度函式*/
38  int16_t SI7021_Read_Temperture(void);            /*讀取溫度函式*/
39  #endif /*IIC_SI7021_Hardware_h*/
```

1~29 行為參數定義，31 行為 SI7021 此 IC 的地址，32~33 行是使用溫溼度的非持續主模式，35 行為這顆 IC 的初始化函式包含 GPIO 和硬體 I^2C 的初始化，36 行為讀取函數根據手冊上的非持續主模式的時序下去撰寫的，37、38 行會使用到 36 行的 SI7021_ReadOneByte 函式個別對溫濕度來做讀取。

IIC_SI7021_Hardware.c

此 C 檔案程式碼分三張圖做介紹：①SI7021_Init：初始化 IC 函數、②SI7021_ReadOneByte：讀取功能函示、③SI7021_Read_Humidity：讀取濕度函式、SI7021_Read_Tempertur：讀取溫度函式。

```
IIC_SI7021_Hardware.c
 1   #include "IIC_SI7021_Hardware.h"
 2   #include "SysTick.h"
 3   #include "uart.h"
 4   static    IO uint32_t  I2CTimeout = I2CT_LONG_TIMEOUT;         /*宣告i2c等待時間的變數*/
 5   static uint32_t I2C_TIMEOUT_UserCallback(uint8_t errorCode);/*定義i2c等待時間的UART回傳功能函式*/
 6
 7   void SI7021_Init(void)
 8   {
 9       /*********** I2C的GPIO配置 ***********/
10       GPIO_InitTypeDef  GPIO_InitStructure;
11       RCC_AHBPeriphClockCmd(SI7021_I2C_GPIO_CLK,ENABLE);
12       GPIO_InitStructure.GPIO_Pin = SI7021_I2C_SCL_PIN | SI7021_I2C_SDA_PIN;
13       GPIO_InitStructure.GPIO_Mode = GPIO_Mode_AF;
14       GPIO_InitStructure.GPIO_Speed = GPIO_Speed_Level_3;
15       GPIO_InitStructure.GPIO_OType = GPIO_OType_OD;
16       GPIO_InitStructure.GPIO_PuPd = GPIO_PuPd_NOPULL;
17       GPIO_Init(SI7021_I2C_PORT, &GPIO_InitStructure);
18
19       GPIO_PinAFConfig(SI7021_I2C_PORT,SI7021_I2C_SCL_SOURCE,SI7021_I2C_SCL_AF);
20       GPIO_PinAFConfig(SI7021_I2C_PORT,SI7021_I2C_SDA_SOURCE,SI7021_I2C_SDA_AF);
21       /*********** I2C的功能配置 ***********/
22       I2C_InitTypeDef  I2C_InitStructure;
23       RCC_I2CCLKConfig(RCC_I2C1CLK_SYSCLK);
24       SI7021_I2C_CLK_INIT(SI7021_I2C_CLK, ENABLE);
25       I2C_InitStructure.I2C_Timing=SI7021_Timing_Value;
26       I2C_InitStructure.I2C_AnalogFilter=I2C_AnalogFilter_Enable;
27       I2C_InitStructure.I2C_DigitalFilter=0;
28       I2C_InitStructure.I2C_Mode=I2C_Mode_I2C;
29       I2C_InitStructure.I2C_OwnAddress1=0;
30       I2C_InitStructure.I2C_Ack=I2C_Ack_Enable;
31       I2C_InitStructure.I2C_AcknowledgedAddress=I2C_AcknowledgedAddress_7bit;
32       I2C_Init(SI7021_I2C, &I2C_InitStructure);
33       I2C_Cmd(SI7021_I2C,ENABLE);
34       I2C_AcknowledgeConfig(SI7021_I2C,ENABLE);
35   }
```

第 1 行一定先引入會使用到的標頭檔，2、3 行的 Delay 和 uart 會在此 C 文件裡使用到相關的函數，7~35 行跟前面所配置 EEPROM 所配置的參數都大同小異，接者是重要的 SI7021_ReadOneByte：

```
IIC_SI7021_Hardware.c
41  uint16_t SI7021_ReadOneByte(uint8_t Measure_CMD)
42 □{
43    uint8_t MB_Byte=0,LB_Byte=0;      /*讀取資料的高低位*/
44    uint16_t value=0;                  /*回傳值變數*/
45    /*確認I2C非忙碌狀態*/
46    I2CTimeout = I2CT_FLAG_TIMEOUT;
47    while(I2C_GetFlagStatus(SI7021_I2C,I2C_FLAG_BUSY) != RESET){
48      if((I2CTimeout--) == 0) return I2C_TIMEOUT_UserCallback(1);
49    }
50    /*發送設備地址並寫入*/
51    I2C_TransferHandling(I2C1,SI7021_ADDRESS,1,I2C_SoftEnd_Mode,I2C_Generate_Start_Write);
52    /*確認發送端暫存器為空*/
53    I2CTimeout = I2CT_FLAG_TIMEOUT;
54 □  while(I2C_GetFlagStatus(SI7021_I2C,I2C_FLAG_TXIS) == RESET){
55      if((I2CTimeout--) == 0) return I2C_TIMEOUT_UserCallback(2);
56    }
57    I2C_SendData(I2C1,Measure_CMD);        /*發送測量命令*/
58    /*確認發送端暫存器為空，並接續發送開始訊號*/
59    I2CTimeout = I2CT_FLAG_TIMEOUT;
60 □  while(I2C_GetFlagStatus(SI7021_I2C,I2C_FLAG_TC) == RESET){
61      if((I2CTimeout--) == 0) return I2C_TIMEOUT_UserCallback(3);
62    }
63    /*發送設備地址並讀取*/
64    I2C_TransferHandling(I2C1,SI7021_ADDRESS,0,I2C_SoftEnd_Mode,I2C_Generate_Start_Read);
65    delay_ms(24);  /*等待溫溼度轉換完成*/
66    /*發送設備地址並讀取*/
67    I2C_TransferHandling(I2C1,SI7021_ADDRESS,2,I2C_AutoEnd_Mode,I2C_Generate_Start_Read);
68    /*確認接收端暫存器為空*/
69    I2CTimeout = I2CT_FLAG_TIMEOUT;
70 □  while(I2C_GetFlagStatus(SI7021_I2C,I2C_FLAG_RXNE) !=SET){
71      if((I2CTimeout--) == 0) return I2C_TIMEOUT_UserCallback(5);
72    }
73    MB_Byte=I2C_ReceiveData(SI7021_I2C);   /*接收資料高8 bit*/
74    /*確認接收端暫存器為空*/
75    I2CTimeout = I2CT_FLAG_TIMEOUT;
76 □  while(I2C_GetFlagStatus(SI7021_I2C,I2C_FLAG_RXNE) !=SET){
77      if((I2CTimeout--) == 0) return I2C_TIMEOUT_UserCallback(6);
78    }
79    LB_Byte=I2C_ReceiveData(SI7021_I2C);   /*接收資料低8 bit*/
80    value=(MB_Byte<<8)|(LB_Byte);          /*將資料整裡後存入變數*/
81    return value;          /*回傳讀取數值*/
82 }
```

SI7021_ReadOneByte 讀取函是根據 si7021 Datasheet 讀取時序，這邊需要注意 65 行的 Delay 是不可少的，讀者可自行將 Delay 註解或是降低毫秒數，會發現數值讀出都為錯誤數值。再來是最後的讀取溫度和濕度的功能函式：

```
84    /*讀取濕度函式*/
85    void SI7021_Read_Humidity(void)
86  ┌ {
87        uint16_t value=0;
88        double Humidity;
89        value=SI7021_ReadOneByte(Humidity_No_Hold_Master_Mode);
90        Humidity=(double)value;
91        Humidity=(Humidity/65536.0f)*125.0f-6.0f;
92        printf("Humidity=%.11f %%RH\r\n",Humidity);
93    }
94
95    /*讀取溫度函式*/
96    void SI7021_Read_Temperture(void)
97  ┌ {
98        uint16_t value=0;
99        double Temperture;
100       value=SI7021_ReadOneByte(Temperature_No_Hold_Master_Mode);
101       Temperture=(double)value;
102       Temperture=(Temperture/65536.0f)*175.72f-46.85f;
103       printf("Temperture=%.11f C",Temperture);
104   }
105
```

這兩個分別濕度、溫度的讀取函式，使用此函式可以讀取出數值並利用 uart 傳送出來即時看數值是否正常，91、102 這邊的數值計算在 Datasheet 裡的 5.1.1 Measuring Relative Humidity 和 5.1.2 Measuring Temperature 裡有說明如何計算，C 文件和標頭檔都撰寫好了，就來編寫 main.c 主程式的部分吧！

main.c

```
1    #include "main.h"
2    #include "SysTick.h"
3    #include "uart.h"
4    //#include "IIC_EEPROM_Hardware.h"
5    //#include "IIC_ADXL345_Hardware.h"
6    //#include "IIC_OLED_SSD1306_Hardware.h"
7    #include "IIC_SI7021_Hardware.h"
8    int main(void)
9  ┌ {
10       SysTick_Init(48);      /*滴答計時器*/
11       UART_Config();         /*UART2初始化*/
12       SI7021_Init();         /*SI7021，初始化*/
13       printf("Temperture_Humidity_Test\r\n");
14       while (1)
15  ┌    {
16           SI7021_Read_Temperture();
17           printf("，");
18           SI7021_Read_Humidity();
19           delay_ms(1000);
20       }
21   }
22
```

主程式的部分在 7 行的引入前面所撰寫的標頭檔，在 12 行使用 C 文件撰寫的初始化函式，在 while 迴圈裡一秒讀取一次溫度和濕度的值，用連接埠的軟體查看 uart 結果如下：

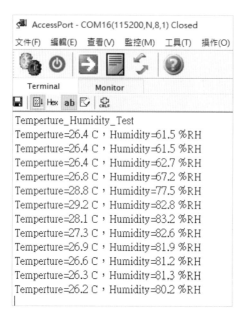

上圖可以看到傳出的數值在中途有對著感測器吐氣，可明顯看到溫度和濕度同時上升，馬上放開後開始下降以驗證感測器是有正常工作。對於 I2C傳輸時序有興趣的讀者，可以查看附加檔案 5.3_SI7021.sal。

小型韌體開發實例

這章會簡單介紹一個小型韌體的開發，礙於篇幅關係不會做非常詳細的解說，這章的宗旨想讓剛入門或對韌體開發不太了解的學習者有個簡單案例可以做參考，筆者在做系統板之前都會買對應的模組來測試，用最前面所做的開發板來驅動這些模組，確定沒問題後再個別買單獨的 IC 來做一個最小系統板。相關 IC 的電路手冊裡大多都有，或者網路上也有公開的資料可查詢，再找不到就用萬用電表逆推模組的電路。

6.1　功能規劃

事前規劃是很重要的，將每個想法一條一條列出來。筆者分享一個小專案給讀者：做一塊可以監測貨物狀況的系統版並且能透過手機讀取長時間所記錄的數據，有這數據可以知道貨物是否遭受過撞擊或是運送途中溫度異常，一開始預計這塊開發板需要有以下幾點要注意：

1. 有三軸感測器和溫濕度的感測器。

2. 有記憶體可以存放紀錄的數據。

3. 有藍牙通訊可以讓手機收取測量資料。

4. 可放置小型的鋰離子聚合物電池，系統板須具備充電功能。

6.2　最小系統版規劃

接著會根據上節所列出的功能規劃四點做介紹，並搭配原理圖。

三軸感測和溫溼度度電路

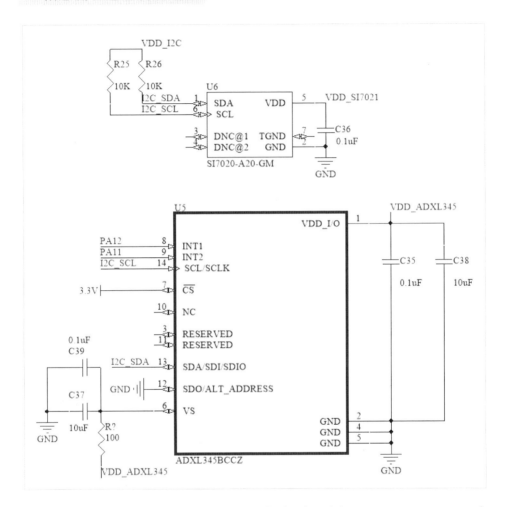

上圖這是 adxl345 和 si70212 的電路原理圖，VDD_ADXL345 和 VDD_SI7021 這兩個腳位是接到 MCU 的 GPIO 腳，這樣可用 MCU 去控制這兩個感測 IC 的開關來做到省電或是有特別需求的目的，電源附近都會加個 0.1u 濾波電容，VDD_I2C 也是接到 MCU 的 GPIO 腳位來做到控制 I^2C 的開關。

記憶體存放電路

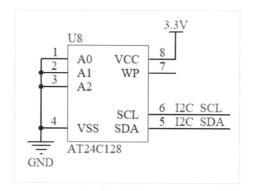

這個 EEPROM 電路很單純，只需接上電源和 I^2C BUS 即可，A0、A1、A2 為決定設備的地址，這邊只用上一顆就全部接上 GND。

藍牙接收電路

這邊使用的是 HC-06，這模組在任何電子零件行都買的到：

上圖為 HC-06 模組的樣子，在背部有標註四個腳位 VDD、GND、TX、RX，要做一塊最小的系統板用這塊模組直接擺上去蠻不好看的，所以筆者在學習時有買上面核心板子：

原理圖的部分只需用到 TX、RX、GND、VCC 即可使用，想要有無連線時的指示燈話，可將 LED 接上 PIO1 的腳位，原理圖如下：

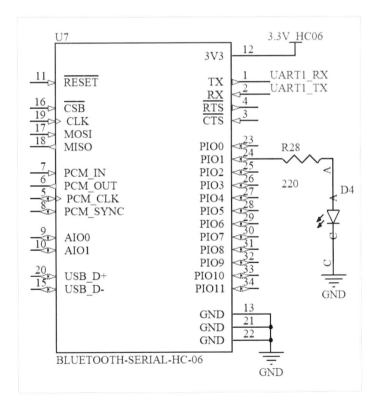

HC-06 的 TX、RX 要與 MCU 的 TX、RX 對接才可傳輸，這樣就可用手機的藍牙軟體連接了，HC-06 的預設密碼是 1234，要修改的話需要 AT 命令，網路上有許多修改的教學，這邊就不多做介紹了。

可放置電池，具有鋰電池充放電功能

選擇的電池為鋰電池 3.7V 的鋰離子聚合物電池。

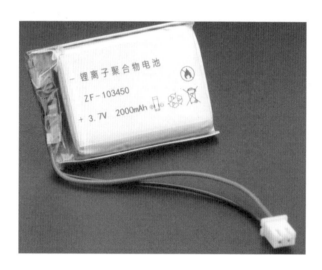

這種電池體積較扁平，也有許多規格的大小可做選擇，可根據系統板的大
小來決定電池大小，系統板做好後可做個外盒將電池合板了整合在 起並
留個充電口即可，電磁需要做充放電的話，就需要有個充電控制 IC 以防
過充，這邊選擇用 LTH7 直接查看手冊的應用電路：

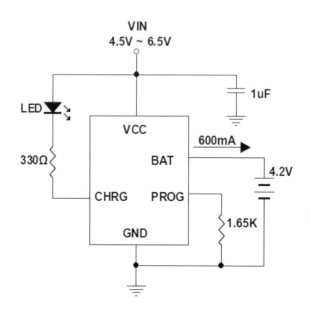

上圖是手冊裡推薦的應用電路 4.2V 為電池的位置，系統板原理圖：

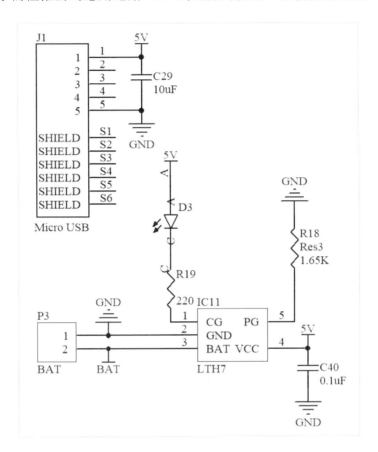

充電部份是使用到 Micro USB 做為電池的充電輸入電壓，5V 進入 LTH7 IC 再對電池充電。電池的輸入接上 LDO（低壓差穩壓器）後輸出給 MCU 和感測器的供電，這系統板所使用的 LDO 型號為 RT9193-33，在第一章 製作開發板所使用的是 AMS1117 這顆穩壓器，但不是低壓差的不適合用 在 3.7 V 的電池上，電池充飽大概會恆在 4V，但用 AMS1117 電池內部的 壓差很大，約 0.7 V，這代表電池使用的相對時間就減少了，有機會用了 一下就無法給其他裝置供電了，所以選擇別的低壓差線性穩壓器。

6.3 開發簡介

從最易開始的開法板製作、開發環境的建置、韌體學習、到這最後的開發
小型韌體，最後來介紹此專案是如何判斷此有無落摔或撞擊的方法之一，
溫度濕度檢測就不再介紹了，在 5 章就有範例程式，有了三軸數值就可以
判斷了。筆者的判斷方式是：三個軸 X、Y、Z 各軸平方相加再開根號，
這先訂為 S 值。再用 UART 觀察這 S 的變化，會發現靜態時的 S 值會接近
1，在高處落下後 S 會大幅降低約 0.1~0.3 之間，可以把這個時間當做落下
的時間，撞到地面後會有很大 S 值遠大於 1，就可以利用這個特性去做落
下的高度判斷，下圖程式的判斷落摔流程圖：

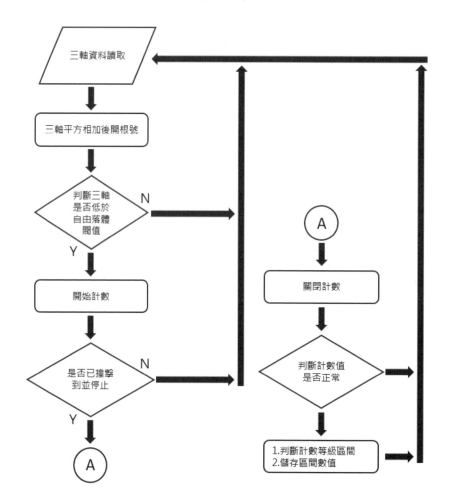

上圖的程式撰寫好後，經過多次的測試會發現計數值會與高度有接近的線性關係，下圖為測試兩種高度下連續落摔的數據，利用數據輸入至 Excel 裡進行的圖表：

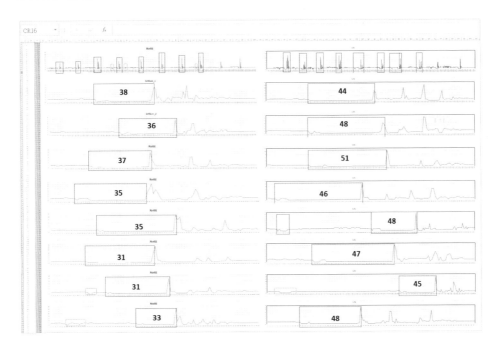

上圖最上方 2 行為兩種高度落摔十次的數值紀錄，第一列為兩種高度落摔的全部數據紀錄，會發現數值蠻接近的，這計數值僅供參考，此專案後來有做一些落摔判斷流程的修改計數值會更準確點，這邊就不再介紹了留給讀者自行探索。

總結

恭喜看到這裡的你，相信你已經有能力自行摸索 STM32 其他更進階的功能，這本書從無到開發出一個小專案有了完整的範例介紹，熟讀這些後並且實驗過後肯定對標準庫開發有一定程度的瞭解，雖然 STM32 在慢慢捨棄標準庫的開發方式，但學習過這標準庫開發方式絕對會對 ST 所剛推出 STM32CubeMX 所產生的 HAL 庫有熟悉的感覺。

簡單來說標準庫就有許多功能函式較為齊全，HAL 庫則是根據標準庫不常用的函式做刪減和將多數標準庫的函式整合成一個，這樣做的好處可以讓開發小型專案更快速，我認為這已經蠻接近 arduino 的開發方式，舉例來說前面三軸所撰寫的讀取函示：ADXL345_Read_Register(uint8_t addr)，這個函式裡面 30 行程式所做的事情再 HAL 庫裡只需一行就可解決，想看看範例的可以造訪我在 IT 邦幫忙上所發的其中一篇文章查看：https://ithelp.ithome.com.tw/articles/10285555，這邊文章可以看出標準庫跟 HAL 庫在做同樣一件事的程式碼行數差異，或許也會理解我想表達先學標準庫是有很多好處的精神。

近幾年來 STM32 一直持續在更新 STM32CubeMX 和 STM32CubeMXIDE，這兩個軟體是什麼？在這簡單介紹：

◆ STM32CubeMX：圖形化設定工具，並產生對應環境

◆ STM32CubeIDE：整合開發環境的 IDE

STM32CubeMX 選定你要開發的 MCU 型號，在 MCU 圖片上點選你要使用的腳位初始化設定，STM32CubeMX 可幫助你產生把周邊設定好 好的 C project，有 HAL 庫和 LL 庫可根據使用者自行決定，我 HAL 庫是標準庫的精簡版本，LL 庫則是從 HAL 衍生出來的更精簡版本，幾乎都是暫存器操作這樣能大幅縮小原本程式容量，STM32CubeMX 也可以產生 Keil5 的專案環境或 STM32CubeIDE 來選擇自己習慣的環境，設定好了就可 GENERATE CODE 出開發環境，這樣就省去前面所教學 2、3 章的環境搭建的時間了，直接使用 HAL 庫所寫好的基本函式來做使用。

STM32CubeIDE 是 compiler tools，但它在開新專案有整合 CubeMX 進去，就算沒有下載 STM32CubeMX，在 STM32CubeIDE 裡還是會連結到 STM32CubeMX，剛開始在使用上沒下載 STM32CubeMX 有發現 IDE 裡面連結的 MX 會有些卡頓，在想是否與軟體使用時再與內部所建立的 MX 做連動所導致的些微卡頓，作者在之後又去下載了 STM32CubeMX 分開使用

上就比較順暢點，而使用 STM32CubeIDE 還有個好處，就是不用受限於 Keil5 免費版本的程式大小限制，太大就不讓你燒入問題。

再來這推薦我認為不錯的自學網站，這些資料都免費開源的我認為全都看完，並實踐每個小專案至少需要一年以上的時間，STM32 能做的事真的很多本書只舉出簡單的範例讓不太瞭解的學習者有個好的手把手入門，第一個推薦的網站是中國的作者所撰寫的 STM32 教學，網址：https://doc. embedfire.com/products/link/zh/latest/mcu/stm32/ebf_stm32f429_tiaozhanzhe_v1_v2/download/stm32f429_tiaozhanzhe_v1_v2.html

這個網址有包含很多資料，線上的 PDF 檔一千頁以上的教學相當完整字也非常的多，他們也有拍成影片並免費開源在 bilibili 裡面，也可在百度的雲端硬碟上下載他們所開放的程式碼或相關資料，假設讀者想買他們開發板須透過淘寶購買，想學習更深入的相關知識而不單單只會使用也可參考成大資工系所撰寫教學的網站，網站：http://wiki.csie.ncku.edu.tw/embedded/STM32F429

這個網站不知單單教學 STM32 怎麼使用，對於深入的相關知識都有介紹到個人認為蠻多是中國教學書籍上沒有的，這兩個都是我推薦可自己學的好網站，讀者使用不同的 MCU 我也覺得不會是個大問題，可以試著將 F429 系列的範例移植到目前使用的 MCU，作者我這就是這樣學習過來的，將 F429 移植到我本書的所用 F030 系列。

最後在這邊說說我寫完這本書時剛開始的心情和到現在寫完的想法，首先會顯這篇的動機是有些原因，第一點 IT 邦幫忙所撰寫的文章被有些人認可，身邊許多朋友也建議我可以考慮趁這次機會寫出人生的第一本書一個難能可貴的經驗，畢竟在撰寫這本書的時候作者我還是個科大的研究生，我不知道有多少人會有在讀書的時候，有經驗可以將自己的學習過程寫成一本書。第二點我想與上面所推薦中國書籍有些不一樣，作者我的精神是：字不要太過冗長、舉個簡潔又有力的範例能讓讀者願意看下去，畢竟我在看上面所推薦的書籍也看得相當煎熬字太多看到會想睡覺，這個中國教學書籍也沒提到太多資料手冊該怎麼看都只是大概提到，但我認為這樣是不行的，資料手冊要學著看，這是一項不可忽略的學習過程，以上這些事讓我有寫出此書的想法，最後再次希望這本書可以帶給你 STM32 有一定程度的瞭解。

讀者如對本書有相關疑問，歡迎透過 shortbreadb@gmail.com 與我聯繫。

STM32 韌體開發實戰(標準庫)

作　　者：蘇昱霖
企劃編輯：蔡彤孟
文字編輯：王雅雯
設計裝幀：張寶莉
發 行 人：廖文良

發 行 所：碁峰資訊股份有限公司
地　　址：台北市南港區三重路 66 號 7 樓之 6
電　　話：(02)2788-2408
傳　　真：(02)8192-4433
網　　站：www.gotop.com.tw
書　　號：ACL066800
版　　次：2023 年 07 月初版
建議售價：NT$450

國家圖書館出版品預行編目資料

STM32 韌體開發實戰(標準庫) / 蘇昱霖著.-- 初版.-- 臺北市：
　碁峰資訊, 2023.07
　　面；　公分
　ISBN 978-626-324-553-2(平裝)
　1.CST：軟體研發　2.CST：電腦程式設計
312.2　　　　　　　　　　　　　　　　　112010912

讀者服務

● 感謝您購買碁峰圖書，如果您對本書的內容或表達上有不清楚的地方或其他建議，請至碁峰網站：「聯絡我們」\「圖書問題」留下您所購買之書籍及問題。(請註明購買書籍之書號及書名，以及問題頁數，以便能儘快為您處理)
http://www.gotop.com.tw

● 售後服務僅限書籍本身內容，若是軟、硬體問題，請您直接與軟體廠商聯絡。

● 若於購買書籍後發現有破損、缺頁、裝訂錯誤之問題，請直接將書寄回更換，並註明您的姓名、連絡電話及地址，將有專人與您連絡補寄商品。